Cum să combați un rasist

Cum să combați un rasist

Istorie, știință, rasă și realitate

Traducere din engleză de
Anca Bărbulescu

Adam
Rutherford

CO–LECȚIA
DE ȘTIINȚĂ

PUBLICA

Titlul și subtitlul originale: *HOW TO ARGUE WITH A RASIST: History, Science, Race, and Reality*
Autor: Adam Rutherford

Descrierea CIP a Bibliotecii Naționale a României
RUTHERFORD, ADAM

Cum combați un rasist : istorie, știință, rasă și realitate / Adam Rutherford ; trad. din lb. engleză de Anca Bărbulescu. - București : Publica, 2021

ISBN 978-606-722-444-3

I. Bărbulescu, Anca (trad.)

323

EDITORI: Cătălin Muraru, Silviu Dragomir

DIRECTOR EXECUTIV: Adina Vasile

REDACTOR-ȘEF: Ruxandra Tudor

DESIGN COPERTĂ: Alexe Popescu

REDACTOR: Cristina Ștefan

CORECTORI: Cătălina Călinescu, Liliana Duță

DTP: Dragoș Tudor

CUPRINS

Pentru Ananda, Ben, Jake, Nathaniel și
toți frații și surorile mele mai îndepărtate.

Lumea e un loc minunat și merită să lupți pentru ea.*
Ernest Hemingway, *For Whom the Bell Tolls*

---

* *Pentru cine bat clopotele*, trad. Ionuț Chiva, Polirom, Iași, 2014 (n.t.).

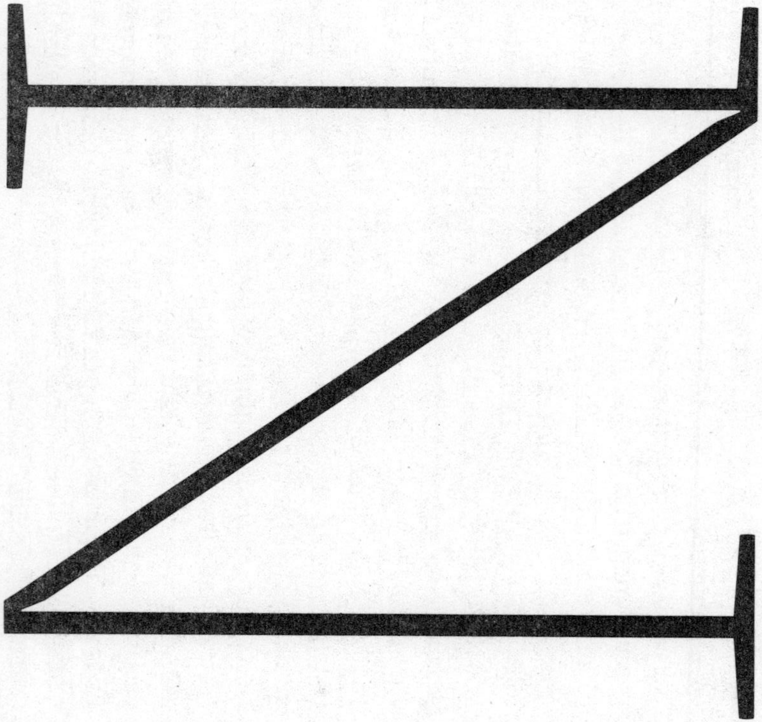

Notă despre limbaj

Cartea de față este în mod intenționat concisă: am selectat doar argumente și cazuri ilustrative. Terminologia pe care o voi adopta nu este lipsită de povara istorică. Voi folosi cuvinte precum „negru" și „est-asiatic", recunoscând în același timp că sunt denumiri științifice nesatisfăcătoare pentru imensa diversitate din rândul acestor miliarde de oameni. Este ironic că la nivel colocvial știm în linii mari ce înseamnă termenii aceștia, în timp ce din perspectiva taxonomiei științifice ei sunt aproape incoerenți. Semantica din cartea aceasta și discursul public în general sunt importante. Decizia de a scrie cu majusculă cuvintele negru, alb și orice altă culoare atunci când reprezintă un grup de persoane sau o rasă așa cum este ea descrisă cultural nu este doar o opțiune tipografică; reflectă atitudinile în schimbare legate de faptul că scrierea cu majusculă (sau minusculă) poate consolida sau submina o atitudine de respect egalitar pentru toate rasele. Deși mare parte din volumul meu pune la îndoială validitatea termenului „rasă", îl voi folosi, în primul rând pentru că lumea îl recunoaște și îl folosește, indiferent de validitatea sa științifică. „Populație", „origini" și „linie genealogică" sunt termeni tot mai utili pe măsură ce discuțiile despre evoluția și diversitatea omului devin tot mai tehnice. Cartea de față se apleacă cu precădere asupra rasismului derivat din culturile occidentale și europene, în parte pentru că sunt culturile mele, dar și pentru că aceste concepte despre rasă, la care în general aderăm global, s-au născut în Europa și s-au înrădăcinat în cultură odată cu expansiunea europeană, cu apariția științei așa cum o cunoaștem în prezent și cu valorile Iluminismului.

P

Prefață la ediția paperback

Scriu aceste cuvinte în toamna lui 2020. Nici nu s-a terminat anul și lumea a fost zguduită de două ori de evenimente globale care au la bază conceptul de rasă: o pandemie care a amenințat toate ființele umane în viață, dar a ucis discriminator, și protestele împotriva violențelor polițienești izbucnite după ce un polițist alb și-a apăsat genunchiul pe gâtul lui George Floyd timp de 8 minute și 46 de secunde, omorându-l fără alte arme decât tăcerea și greutatea. Frustrarea, neliniștea și furia sunt reacții adecvate la aceste două situații.

Și totuși, oricât de șocante ar fi ele, rasismul manifestat în aceste evenimente nu este nou; problemele de rasă, rasism, ascendență și genetică devin tot mai vizibile în conștiința publică în ultimii ani – o tendință tulburătoare, care m-a îndemnat să scriu cartea de față. Intenționez să demonstrez că, deși în istorie știința a fost deturnată pentru instituționalizarea rasismului, în prezent nu le este câtuși de puțin aliată rasiștilor. Știința poate și trebuie să fie aplicată ca instrument anti-rasism.

În ianuarie 2020, roțile care învârt lumea au început să se oprească. Mulți oameni de știință (și unii politicieni) știau deja că o nouă pandemie era iminentă și inevitabilă, deși puțini ar fi putut prezice impactul pe care avea să-l aibă COVID-19 asupra vieților noastre, ale tuturor. Când scriu aceste rânduri, mai avem mult până să aflăm deznodământul: își fac apariția încet-încet primele vaccinuri, dar nu știm dacă vom avea parte de mai multe valuri, sau dacă boala aceasta va deveni un spectru permanent în viețile noastre, ceva ce va trebui să administrăm, să ținem sub control și să îndurăm. Au loc dezbateri înflăcărate despre metodele științifice și politicile care ar fi putut și ar fi trebuit să se aplice și cele care s-au aplicat, iar două dintre cele mai grav afectate țări (SUA și Marea Britanie) au cumulat circa un sfert din decesele mondiale cauzate de boală. La data la care scriu, au fost infectate peste 50 de milioane de persoane din 188 de țări, dintre care au murit peste 1,3 milioane.

Apoi, la sfârșitul lui mai, în timp ce statele lumii improvizau soluții cu grade de eficacitate mai mici sau mai mari, un polițist din Minneapolis a arătat încă o dată cât de letală poate fi combinația dintre rasism și putere, când a luat viața unui bărbat negru de 46 de ani. Uciderea lui George Floyd a aprins fitilurile unor butoaie cu pulbere în lumea întreagă: au răbufnit demonstrații de frustrare care, în mediul inflamabil rasial al Americii, au erupt sub formă de violențe și încăierări pe fugă cu forțe de poliție echipate ca soldații dintr-un joc video. În august, revolta s-a aprins din nou când Jacob Blake, un bărbat negru neînarmat, a fost împușcat de polițiști de șapte ori, din spate, în urma unui conflict în familie la locuința lui din Wisconsin. Numele lui Blake s-a alăturat celor ale lui Floyd, Rayshard Brooks și Breonna Taylor pe lista uciderilor mediatizate ale unor victime negre de către poliția americană.

În Marea Britanie, în iunie, o statuie a renumitului comerciant de sclavi Edward Colston a fot doborâtă, iar localnicii au aruncat-o în golful Bristol, epuizați de blocajele continue ale încercărilor legitime de a-i înlătura efigia din spațiul public. În vară, numele a trei oameni de știință extrem de influenți, importanți și profund rasiști au fost înlăturate de pe clădiri și din numele catedrelor de la universitatea mea. Studenții de la University College London nu vor mai învăța de la profesori șefi ai catedrei Galton, sau în clădirea Pearson, sau la centrul Fisher. Au fost decizii în care am fost implicat și eu și s-au înscris în discuția mai amplă despre trecutul rasist al Marii Britanii.

Rasa ne domină din nou discursul public. Voi reveni asupra acestor proteste urgente și vitale – și asupra pseudo-științei rasiste care contribuie la alimentarea tratamentelor violente și criminale aplicate de forțele de poliție negrilor.

Boala COVID-19 și coronavirusul care o provoacă au fost identificate pentru prima dată în orașul Wuhan din China în decembrie 2019 și au fost imediat rasializate pe două căi distincte. Prima a fost aceea că proveniența virusului a devenit sursă de ostilități generalizate și, în unele cazuri, extreme. Știința nu s-a pronunțat nici pe departe asupra originii exacte a acestui nou coronavirus, dar se bănuiește că liliecii sunt purtători; în prezent, cea mai solidă presupunere este că a trecut bariera dintre specii de la lilieci la oameni prin Piața Angro de Fructe de Mare Huanan din Wuhan, o piață „cu produse crude", sau „de animale vii" unde se comercializează carne și fructe de mare. Se poate să se fi transferat prin mamiferele solzoase numite pangolini, deși niciunul nu apare pe listele de mărfuri din piață (omiși, poate, deoarece comerțul cu pangolini este ilegal și totuși persistent). Pe măsură ce boala se răspândea și îngrijorarea creștea, Occidentul a început să ceară interzicerea piețelor „cu produse crude" – neînțelegând că, în general, termenul respectiv deosebește locurile de comercializare a peștelui și a cărnii de cele cu produse electrice, îmbrăcăminte și așa mai departe, precum și de supermarketurile care vând alimente uscate sau congelate. E adevărat că în Huanan se vindeau și animale sălbatice (care se vor dovedi, poate, a fi sursa transmiterii la om), dar înțelegerea greșită care s-a răspândit în Occident cu privire la ce presupune o astfel de piață a devenit un element esențial al cauzei antagonismului rasial.

Jurnaliștii au sugerat că președintele american Donald Trump (și alte personalități publice) au exacerbat xenofobia și au pus americanii de origine asiatică în pericol de atacuri, pentru că au numit noul coronavirus „virusul chinezesc", „virusul din China" și (epitet de un rasism fără echivoc și stupid) „Kung Flu". Trump și-a apărat astfel alegerea cuvintelor: „Nu e deloc rasist [...] Vine din China, asta e". Alte persoane i-au sprijinit poziția amintind că una din cele mai letale pandemii ale erei moderne este numită „gripa spaniolă". Ca alibi, e absurd. Numele a ajuns în uz nu pentru că acolo ar fi apărut tulpina respectivă de gripă, ci pentru că în timpul Primului Război Mondial presa spaniolă a rămas liberă și a raportat deschis apariția gripei, în timp ce în alte țări subiectul era cenzurat. Proveniența virusului de atunci rămâne necunoscută, dar doi dintre candidații plauzibili sunt Franța și o bază militară din Kansas.

Originea geografică a coronavirusului actual a dat apă la moară imediat atacurilor rasiste legate de COVID-19, ajunse atât de numeroase încât au propria pagină pe Wikipedia. În februarie, pe Oxford Street din Londra, Jonathan Mok, student singaporez de la universitatea mea, a fost bătut violent de patru agresori care strigau „Nu vreau coronavirusul tău la mine în țară". În SUA, Russel Jeung, profesor de studii asiatic-americane la Universitatea de Stat San Francisco, a cumulat date care au arătat că, în primăvara lui 2020, mii de atacuri rasiale au fost îndreptate fără deosebire împotriva americanilor de origine coreeană sau chineză. FBI-ul a descoperit dovezi că extremiștii de dreapta îndemnau la atacuri împotriva americanilor de origine evreiască și asiatică – și la răspândirea intenționată a virusului în sinagogi și moschei.

A doua cale de rasializare a noului coronavirus a ținut mai puțin de ură și mai mult de dezechilibrul între categoriile de persoane infectate. Pe măsură ce boala se răspândea, imaginea de ansamblu sugera că persoanele hispanice sau latino, negre, asiatice și din alte etnii minoritare aveau un risc mult mai mare de contractare a virusului decât cele cu ascendență dominant albă și europeană. De la începutul pandemiei, încă din aprilie 2020, s-au remarcat inegalități izbitoare: în Marea Britanie, cetățenii negri compun circa 3% din populație, dar decesele de COVID în rândul lor au fost de două ori mai numeroase decât ale albilor. În Chicago, unde o treime din populație este neagră, aproape trei sferturi dintre morți au fost negri. La New York, hispanicii sau latinoamericanii internați în spitale au fost de două ori mai numeroși decât albii. Astfel de statistici s-au raportat, în grade diferite, peste tot în lume.

Odată cu evidențierea acestor discrepanțe, unii le-au luat drept dovadă clară că rasa este, într-adevăr, o categorie stabilită biologic, contrar probelor clare aduse de genetica umană contemporană. Cartea de față vorbește despre rasă și despre relația ei tulburată și de durată cu biologia elementară, evoluția și genetica. Este o carte despre încercare a istoriei științei rasei de a-și găsi o temelie biologică pe baza căreia să legitimeze categorii rasiale inventate de oameni – și despre cum cooptăm, distorsionăm și prezentăm greșit genetica în acest scop. Odată înțeleasă corect, genetica modernă desființează orice bază biologică reală pentru categoriile rasiale.

Realitatea disproporționalității infecțiilor și deceselor la grupurile minoritare este importantă și de interes, dar ar fi absurd să folosim date legate de COVID-19 pentru a fabrica afirmații învechite și nesfârșit de incorecte despre rasă. Nici măcar cei care se agață cu tenacitate de rasă în sensul de categorie biologică nu îi pun la grămadă în același grup pe negri, asiatici, hispanici sau latinoamericani. A sugera că evidenta vulnerabilitate sporită la noul coronavirus dovedește existența raselor biologice ar servi unui singur scop: acela de a-i separa pe albi de tot restul lumii.

Una din explicațiile propuse pentru problema etniei și a vulnerabilității la COVID-19 implică vitamina D, care are proprietăți antivirale cunoscute. Știm că producția de vitamina D este stimulată de lumina ultravioletă venită de la soare – și că melanina îi inhibă producția, astfel încât persoanele cu pielea mai închisă la culoare au uneori deficiență de vitamina D. Teoria merită luată în considerare, dar, nici dacă se dovedește validă, nu stabilește vreo legătură între COVID-19 și rasă. Furnizează doar o bază biologică pentru un risc foarte puțin sporit la toată lumea: deficiența de vitamina D se întâlnește mai mult la bărbați decât la femei, mai mult la persoanele obeze sau cu diabet de tip 2 decât la celelalte și la diverse alte categorii de persoane care sunt mai amenințate de COVID-19. În orice caz, dacă teoria de mai sus se confirmă, nu va explica decât o fracțiune minusculă din disparitățile pe care le observăm.

Știm, în schimb, că anumite fenomene sociale și culturale bine împământenite au efecte negative foarte marcante asupra sănătății comunităților minoritare. Mult mai mulți dintre membrii lor sunt lucrători esențiali și deci nu le-a fost impusă izolarea la domiciliu. Mai mult, izolarea socială nu a fost posibilă pentru ei în aceeași măsură ca pentru cei cu un statut socio-economic superior. Grupurile minoritare tind să trăiască în zone urbane dens populate (adesea în locuințe segregate efectiv), unde le este mult mai greu să se distanțeze. Statistic, mai mulți din membrii lor împart locuința cu câteva generații, ceea ce, din nou, îngreunează distanțarea socială și sporește riscul la care sunt expuși vârstnicii. Pe lângă sărăcie și alte fenomene sociale, factorii aceștia au o binecunoscută corelație negativă cu sănătatea și speranța de viață. Nimic din cele de mai sus nu se aplică exclusiv la COVID-19. Un studiu preliminar din Marea Britanie a arătat că riscul sporit de deces în rândul negrilor dispărea dacă se luau în considerare privațiunile sociale și alte probleme de sănătate derivate.

Suntem încă la începutul efortului de a înțelege o pandemie gravă cum e aceasta. Deocamdată, nu putem spune cu certitudine decât că efectul disproporționat al noului coronavirus asupra pacienților non-albi are la bază numeroase cauze. Rămâne posibil ca genetica (posibil sub forma metabolizării vitaminei D) să joace un rol mărunt, alături de nenumărați alți factori sociali mult mai importanți. Dar mai putem afirma ceva cu certitudine: că boala aceasta nu demonstrează vreo bază biologică a categoriilor rasiale tradiționale. Baza aceasta nu o demonstrează nicio boală, după cum se va discuta în cartea de față. Încă nu cunoaștem imaginea de ansamblu și vor mai trece mulți ani până să înțelegem pandemia aceasta devastatoare. Explicațiile simpliste cu tentă rasială nu ne ajută cu nimic. Așa cum scria Charles Darwin în urmă cu 150 de ani,

„ignoranța cucerește mai des încrederea decât știința",* lucru la fel de valabil și în ziua de azi. Adevărul este că motivele de bază care să explice complet impactul disproporționat al noului coronavirus asupra anumitor populații se poate rezuma în două cuvinte, cele mai importante pe care le poate spune un om de știință: Nu știm.

Adam Rutherford
noiembrie 2020

---

* Charles Darwin, *Descendența omului și selecția sexuală*, trad. Eugen Margulius, Ed. Academiei Române, București, 1967, p. 10 (n.t.).

P

I

Introducere

Cartea de față este o armă. A fost scrisă ca să vă echipeze cu uneltele științifice necesare pentru a aborda întrebări despre rasă, gene și ascendență. Este un instrumentar pentru separat realitatea de mit în încercarea de a înțelege în ce feluri ne asemănăm și în ce feluri ne deosebim.

Povestea noastră a început în Africa. Primii membri cunoscuți ai speciei noastre – *Homo sapiens* – au evoluat în regiunea Marocului de azi în urmă cu aproximativ 300 000 de ani, deși majoritatea rămășițelor celor mai timpurii ne vin din estul Africii. Începem să bănuim că ne tragem dintr-o specie pan-africană, un amestec de populații diverse de pe marele continent. Știm că unii oameni timpurii au migrat spre Asia și Europa în ultimul sfert de milion de ani, dar stăpânirea lor în afara Africii a fost doar temporară și probabil că nu au descendenți în prezent. Acum aproximativ 70 000 de ani, alt grup de oameni s-a răzlețit din Africa și a început procesul de a-și întinde rădăcini pe toată planeta. Succesul nostru global se datorează în mare parte adaptărilor locale, ajustate fin de evoluție pentru șanse optime de supraviețuire pe o planetă cu ecologie diversă. Natura noastră fundamentală de hoinari, vânători, agricultori și creaturi sociale a făcut Pământul tot mai mic în ultimele mii de ani, în care populații din lumea întreagă s-au întâlnit, au făcut negoț, au avut relații sexuale, s-au luptat, s-au cucerit reciproc și câte altele. Prin interacțiunile acestea, luăm contact cu oameni diferiți unii de alții. Diferențele ne vin din biologie, din ADN, dar și din comportamentul nostru de animale sociale – din felul cum ne îmbrăcăm și cum vorbim, din religiile și interesele noastre. În căutare de putere și avere, fetișizarea acestor diferențe a devenit sursa unora din cele mai crude fapte din scurta noastră istorie.

Climatul politic s-a schimbat în ultimii câțiva ani. Naționalismul capătă putere pe tot globul, iar prezența ideii de rasă în sfera publică este mai pregnantă acum decât în ultimele decenii. În săptămânile și lunile de după apariția primei ediții a acestei cărți, în februarie 2020, orașele din SUA au fost electrizate de revolte populare. Sute de mii de oameni au ieșit la marșuri, au protestat și s-au răsculat – de data aceasta, mânați de uciderea lui George Floyd de către un polițist din Minneapolis. Acestea au fost revolte rasiale, ca cea izbucnită în 2016 în Charlotte, Carolina de Nord, după ce poliția a omorât un bărbat negru neînarmat pe nume Keith Lamont Scott. Sau ca cea din Ferguson, Missouri, din 2014, survenită după ce Michael Brown, un adolescent neînarmat, a fost ucis de poliție, cum se întâmplase și cu Freddie Gray în Baltimore în 2015 și cu Timothy Thomas în Cincinnati în 2001. Acestea au fost revolte rasiale la fel ca cele răbufnite peste tot în Statele Unite în 1992, după ce patru polițiști din Los Angeles l-au atacat brutal pe Rodney King – și în Miami în 1980, după ce patru polițiști l-au omorât în bătaie pe Arthur McDuffie pentru că a trecut pe roșu. Pentru toate aceste incidente, agenții de poliție au fost achitați sau nu au fost acuzați penal. Acestea au fost revolte rasiale la fel ca cele din SUA din 1968, după asasinatul lui Martin Luther King, Jr.

Într-un anume sens, nu s-a schimbat nimic. Statele Unite nu și-au confruntat niciodată istoria rasistă, iar frustrarea zilnică a prejudecăților normalizate îndurate de negri (și de alți americani non-albi) a dat pe dinafară sub forma protestelor și violențelor publice în mai 2020, ca de atâtea ori înainte. În prezent însă – lucru care poate le deosebește de violențele rasiale ale secolului XX – se nasc și prosperă pe canalele de socializare grupuri de sprijin alimentate de tehnologie. Black Lives Matter a început ca un hashtag, o etichetă pe canalele de socializare, după achitarea în 2013 a celui care îl împușcase fatal pe Trayvon Martin cu un an și jumătate înainte, și a devenit o mișcare globală cu scopul declarat de a învinge mișcările pentru supremația albilor și de a preveni actele de violență împotriva negrilor.

Bătaia suferită de Rodney King a fost înregistrată (cu imagini tremurate, pe film de opt milimetri, de la depărtare), o prefigurare a ceea ce avea să urmeze. Moartea lui George Floyd a fost filmată cu mai multe camere: se vede cum genunchiul polițistului îi zdrobește gâtul timp de aproape nouă minute. În câteva ore, filmarea a făcut înconjurul globului, iar cuvintele lui („Nu pot să respir") aminteau de cele identice rostite de Eric Garner înainte să moară sufocat de un polițist în Staten Island, în 2014. Astfel, sloganul a căpătat un nou avânt în rândul protestatarilor din lumea întreagă. Acțiunile lor și ale poliției sunt acum documentate continuu, într-o confruntare haotică în văzul tuturor – protestele, jafurile, violențele polițienești. Schismele unei țări construite pe temelii rasiste, pe spatele sclavilor, ies la lumină acum mai mult ca niciodată, expuse ca un nerv. Revoluția nu a fost televizată; a fost transmisă live, pe internet.

Protestele reprezintă rezultatul rasismului sistemic și structural din societățile noastre, rasism care nu s-a născut doar din actele de violență comise de poliție asupra bărbaților negri și nici din vocile adepților supremației albe devenite mainstream. Rasismul structural este viața de zi cu zi și își are rădăcinile în viața de zi cu zi. Răsare din indiferența față de experiența trăită de cei discriminați.

Stereotipurile și miturile despre rasă sunt fundația pe care se construiește rasismul structural și sunt întipărite de mult în cultura occidentală, înțesate cu secole de pseudo-știință pe care o voi diseca în paginile următoare. Observăm expunerea frustă a rasismului atât în actele acestea de violență a forțelor de poliție, cât și în protestele și revoltele rezultate, dar vederile dezinformate și rău-intenționate din care se nasc astfel de evenimente se întâlnesc la tot pasul și s-au încetățenit cu încăpățânare. Afirmația insistentă conform căreia perimatele categorii rasiale ar avea rădăcini în biologie este susținută nu doar de rasiști declarați, ale căror voci sunt amplificate de tehnologia modernă, ci și de oameni cu bune intenții, ale căror experiență și istorie culturală îi împing către vederi pur și simplu contrazise de studiul modern al geneticii umane: eroarea de a pune succesul sportiv pe seama ascendenței și mai puțin pe antrenamente, sau presupunerea continuă că elevii est-asiatici au aptitudini inerente pentru matematici, că negrii au un fel de „ritm înnăscut" sau că evreii se pricep la bani. Cu toții cunoaștem cel puțin o persoană care gândește așa. Ideile analizate în paginile următoare constituie o descriere științifică a unor asemănări și deosebiri reale între oameni, care vor așterne fundația pentru contestarea rasismului aparent ancorat în știință. Mă concentrez pe patru domenii-cheie în care greșim adeseori aderând la stereotipuri și presupuneri; subliniez ce putem și ce nu putem ști pe baza științei contemporane în ce privește culoarea pielii, puritatea genealogică, sportul și inteligența.

De multe ori, e mai ușor să lansezi o presupunere decât s-o respingi, dar cum în ziua de azi rasismul se exprimă mai deschis în public, este de datoria noastră să-l contestăm cu date și nuanțe, mai ales când bigotismul pretinde că are știința de partea sa. Unii oameni de știință evită să exprime opinii derivate din studiile lor când vine vorba de chestiuni de rasă. Totuși, dacă studiem genetica umană, oceanul din care se trag diferențele dintre oameni, nu putem să nu vorbim de rasă.

Diferențele vizibile pe care se bazează rasismul sunt codate în ADN-ul nostru. Așadar, știința și rasismul se împletesc inerent. Rasismul este o exprimare a prejudecăților, în timp ce știința, în principiu, este liberă de subiectivitate și judecată. Reținerea oamenilor de știință când vine vorba de exprimarea unor vederi legate de politică derivate din genetica umană este o poziție care, poate, merită revizuită, de vreme ce persoanele care se folosesc greșit de știință în scopuri ideologice nu au astfel de rezerve și adoptă tehnologia modernă pentru a-și răspândi mesajele în toate colțurile lumii.

Dar știința este un aliat puternic, iar cunoștințele științifice și istorice ne înarmează împotriva ideilor preconcepute și prejudecăților. Simțurile ne sunt profund limitate, iar viețile – scurte. Ne dorim cu ardoare un sens, apartenență, identitate. Aspectele acestea ale condiției umane sunt un sol fertil pentru prejudecăți. Instrumentul care ne oferă perspectiva cea mai clară despre cum sunt oamenii cu adevărat, față de cum îi judecăm noi a fi, este știința.

Sunt britanic. Identitatea mea este fundamentată legal în pașaport, care este proprietatea Regatului Unit. A fost emis la Ipswich, un oraș din regiunea de coastă numită East Anglia, unde m-am născut.

Cele de mai sus sunt date. Marea Britanie, Regatul Unit, Ipswich, East Anglia – etichete care îmi definesc parțial identitatea personală. Mai sunt și om de știință. Toată viața de adult am studiat genetica și evoluția; scriu despre interacțiunea dintre istorie și aceste două forțe ale biologiei.

În știință, de nevoie, facem uz de etichete. Încercăm să aplicăm criterii riguroase de etichetare ca să putem clasifica trăsăturile inerente ale unui lucru, astfel încât să-i înțelegem identitatea, natura esențială sau evoluția, sau să concepem experimente care să ne ajute să-i înțelegem caracteristicile. Numim procesul acesta „taxonomie".

Sunt de rasă mixtă, sau de ascendență dublă, sau bi-rasial. „Metis" a devenit un termen nerecomandat, dar mare parte din viață așa m-au descris mulți oameni, unii din obișnuință, alții disprețuitor. Sunt întrebat frecvent „de unde ești?" și îmi adaptez răspunsul presupunând ce stă de fapt în spatele întrebării: Marea Britanie, Anglia, Suffolk, Ipswich sau Londra, unde locuiesc de 25 de ani. Toate sunt adevărate, dar de multe ori cel care întreabă vrea să știe de fapt „de ce arăți așa?" Tata s-a născut în Yorkshire, iar părinții lui sunt albi și britanici. Mama e britanică și indiană, deși în viața ei nu a pus piciorul în India. S-a născut în Guyana, în America de Sud. Bunicii ei au fost aduși pe vas din India în secolul al XIX-lea să lucreze pe plantațiile de trestie-de-zahăr, sub auspiciile unui edict colonial numit Indenture – o formă de muncă și migrație semi-forțată, rudă cu sclavia. A emigrat în Anglia în anii 1960, nu mult după vasul *Empire Windrush*, care a adus 802 bărbați și femei din Caraibe să înceapă vieți noi în Britania de după al Doilea Război Mondial. Ca și ei, era cetățeană britanică invitată în teritoriul-mamă al coloniilor la apusul epocii imperiale. Nou-veniții au fost chemați să ajute la reconstruirea unei țări zdrobite de război, iar mama, ca mulți dintre cei care au făcut aceeași călătorie, a fost recrutată în nou-înființatul Serviciu Național de Sănătate pentru a îngriji cetățenii Marii Britanii.

Părinții mei nu au rămas împreună, iar când eram mic, tata, sora mea și cu mine am devenit parte dintr-o familie nouă, în care am mai căpătat trei frați (deși, tehnic, sunt doi frați vitregi și un frate pe jumătate). Am locuit la Ipswich până la optsprezece ani, apoi am plecat să studiez genetica la University College London. De atunci, am rămas la Londra, legat într-un fel sau altul de UCL. Nu mă consider mulatru sau jumătate din ceva. Prin natura creșterii mele, nu am nicio afinitate culturală cu India, deși, ca mulți britanici, iubesc două lucruri pe care India le face mai bine decât orice altă națiune: curry-ul și crichetul. Dar nu se poate nega faptul că, biologic vorbind, jumătate din ADN-ul meu se asociază mai îndeaproape cu 1,3 miliarde de indieni decât cu 740 de milioane de europeni – și că, firește, și reciproca este adevărată.

Nu am studiat genetica și evoluția influențat de ereditatea mea; le-am ales pentru că sunt de departe cele mai interesante ramuri ale cercetării științifice și cuprind absolut toate aspectele științelor vieții. „Nimic din biologie nu are sens dacă nu este privit prin prisma evoluției”, a spus omul de știință ruso-american Theodosius Dobzhansky, iar mantra aceasta ar trebui să ajungă celebră. Am avut norocul de a intra din întâmplare în acest domeniu științific în perioada în care se pregătea să înceapă o epocă de aur a descoperirilor. Proiectul Genomului Uman a demarat oficial chiar în anul în care am intrat la facultate, iar roadele lui – o schiță a întregului cod genetic al unei ființe umane – au fost finalizate în anul în care mi-am terminat doctoratul, tot în genetica umană. Am folosit cu asiduitate acea bază de date ADN în căutarea genelor care ne formează ochii și guvernează procesul prin care vedem. De atunci, efortul acesta științific colosal, glorios, și tehnologia și datele apărute în urma lui au constituit piatra de temelie care a transformat pentru totdeauna genetica viitorului și, astfel, întreaga biologie.

UCL este una din marile universități ale lumii. Acolo s-au pus bazele geneticii și științei evoluției în prima jumătate a secolului XX, când ideile darwiniene s-au împletit cu conceptul nou de „gene", cu ajutorul statisticii, al experimentelor și al matematicii. Acolo, pe Gower Street, în districtul londonez Bloomsbury, era în plină construcție mare parte din structura biologiei moderne.

Dar tot la UCL au răsărit și unele din cele mai pernicioase idei din istoria umană. În special, a fost asociată intrinsec cu nașterea eugeniei: ideea că, prin înmulțire selectivă, populațiile umane se puteau îmbunătăți, iar slăbiciunile se puteau elimina din societate. Ideile acestea au fost formulate mai întâi în Marea Britanie, de omul de știință și rasistul declarat Francis Galton, deși nu au fost niciodată consfințite prin lege aici. Am fost periculos de aproape de asta în 1912, când s-a prezentat Parlamentului Legea deficiențelor mintale, al cărei amendament despre eugenie ar fi interzis căsătoria și procrearea între persoane „slabe de minte", cum li se spunea pe vremea aceea. Clauza a fost înlăturată de parlamentarul Josiah Wedgwood înainte de adoptarea legii în 1913. În schimb, guvernele din Statele Unite, Suedia, Germania nazistă și alte țări au avut politici eugenice active, care au dus la sterilizări forțate și la milioane de morți. Eugenia și rasismul nu sunt una și aceeași idee, dar sunt legate una de alta inerent, iar politicile eugenice au afectat și au vizat în mod disproporționat minoritățile rasiale.

Nu am ales UCL pe baza istoriei ei neobișnuite, deși am fost membru al Laboratorului Galton, pe numele său vechi Laboratorul de Eugenie Galton, și mi-a predat șeful catedrei Galton în Amfiteatrul Galton, toate botezate după Francis Galton – un bărbat a cărui moștenire intelectuală include hărțile meteorologice, o armată de tehnici statistice esențiale, amprentarea criminalistică și conceptul științific de eugenie, botezat tot de el. Galton a murit în 1911, iar cei care i-au urmat la *alma mater* a mea au fost oameni de știință la fel de mari: statisticianul Karl Pearson, biologul-matematician Ronald Fisher și alții, pe ai căror umeri se ridică domenii întregi ale științei contemporane și care și-au exprimat cu toții rasismul în diverse grade. Îi numesc rasiști nu în virtutea sensibilităților prezentului, ci ca afirmație bazată pe date reale; au formulat opinii rasiste, în linie cu normele culturale și științifice ale vremii.* Știința se schimbă inevitabil pe măsură ce ies la lumină date noi. În anii 1990, studiam moștenirile științifice ale celor de mai sus recunoscând, în același timp, că aveau atitudini și convingeri

---

* Se pot da multe exemple despre vederile rasiste ale lui Galton, dar poate cel mai explicit sunt formulate în scrisoarea lui către *The Times* din 5 iunie 1873, cu titlul „Africa pentru chinezi": „Propunerea mea este să încurajăm așezarea chinezilor într-unul sau mai multe locuri adecvate de pe coasta de răsărit a Africii ca parte din politica noastră națională, din convingerea că imigranții chinezi nu numai că și-ar păstra poziția, ci s-ar și înmulți, iar descendenții lor ar înlocui rasa neagră inferioară. Mă aștept ca mare parte din țărmul african, acum slab populat de sălbatici leneși și palavragii care trăiesc sub suveranitatea de formă a Zanzibarului, sau a Portugaliei, să fie gospodărită în câtiva ani de chinezi harnici și iubitori de rânduială [...] Dintre toate soiurile cunoscute de omenire, niciunul nu este mai potrivit decât chinezul să ocupe în viitor întinderile enorme dintre tropice [...] Hindusul nu poate îndeplini condițiile necesare nici pe departe la fel de bine, căci îi este inferior ca forță, sârguință, aptitudine pentru economie, obiceiuri de negoț și putere de înmulțire. Arabul nu este altceva decât un mâncător al roadelor muncii altora; este un distrugător, nu un creator, și nu este prolific." (n.a.).

rasiste. Niciunul din oamenii de știință care mi-au fost profesori nu le împărtășea vederile, nici măcar superficial.

Faptul că sunt și britanic, și genetician sunt două date obiective încărcate de secole întregi de context. Sunt descendentul evoluționar al colonialismului, al imperiului, al rasismului și al unor ideologii destul de odioase. Povestea mea nu e deosebit de rară sau de interesantă – politica și familiile sunt lucruri încurcate, oamenii se mută, se îndrăgostesc, fac copii și repetă una sau mai multe din acțiunile astea în aceeași generație sau în mai multe. Acestea sunt toate informațiile biografice necesare pentru povestea de față, dar în unele sensuri toate liniile mele de ascendență – biologică, culturală și științifică – s-au ciocnit între ele inevitabil. Nu am avut de suferit în viață prea multe abuzuri rasiale – am pielea deschisă la culoare, iar ereditatea mea indiană (sau indo-guyaneză) nu este câtuși de puțin evidentă. Dar în ultimii ani, ca reacție la scrierile și discursurile mele despre istoria, genetica și rasele umane, diverși necunoscuți m-au făcut *pakistanezu'*, *șobolan evreu* și *trădător de rasă cu „influență insidioasă"*. Moștenirea mea indiană nu este pakistaneză, din câte se știe în familie, strămoși evrei cunoscuți nu am (deși există în familia mea vitregă), iar explicația presupusei trădări rasiale este, bănuiesc, faptul că m-am căsătorit cu o englezoaică albă. Mi s-a spus că ar fi cazul să fiu recunoscător pentru colonizare și pentru Imperiul Britanic, pentru că fără ele n-aș exista – tehnic, argumentul este corect, dar e destul de tembel.

Conversațiile culturale s-au schimbat în ultimii ani, iar exprimarea fățișă a rasismului pare mai dominantă decât a fost de decenii întregi. În 1939, Agatha Christie își publica best-sellerul *Zece negri mititei*, un thriller apărut sub acest titlu în Marea Britanie până în 1963, când a devenit fie *Zece indieni* *mititei*, fie *Și din zece n-a mai rămas niciunul*. Un an mai târziu, un candidat a fost ales în Parlament ca reprezentant al zonei Smethwick din Birmingham în urmă unor fluturași de campanie care purtau sloganul „Dacă vrei negrotei la tine în cartier, votează-i pe laburiști".* În anii 1980, mii de microbiști strigau „Împușcă-l pe negrotei" la adresa jucătorilor negri din echipa lor de suflet, cum ar fi marii John Barnes, Viv Anderson și Ian Wright. Ura de rasă depășea loialitatea față de echipă. La mine la școală, unii băieți aveau un joc în care lăsau o monedă de doi penny pe jos și strigau „evreu" sau „jidan" la orice nevinovat se apleca s-o ridice.

Ne place să credem că rasismul nu mai este o parte explicită din cultura, societatea sau sporturile noastre, deși în 2018 s-au aruncat coji de banană pe terenul de fotbal în fața unor jucători negri ca Pierre-Emerick Aubameyang de la Arsenal, la fel cum se făcea frecvent acum trei-patru decenii, ca pentru a declara că se află mai aproape de maimuțe decât de oameni.** Nu e ușor de evaluat gradul de rasism al unei societăți; oamenii nu sunt dispuși să dea informații (nici măcar anonim) care pot fi considerate inacceptabile cultural. În sondajele privind atitudinea națională din Marea Britanie din 1983 până în prezent, raportul între respondenții care se descriu drept „fără prejudecăți față de persoane de altă rasă" și cei „cu prejudecăți rasiale mai puternice sau mai slabe" a rămas stabil (60-70% față de 25-40%, respectiv). În loc de întrebări directe,

* Nu s-a păstrat niciun exemplar din broșurile respective, dar încă există altele din aceeași campanie, cu sloganul „Dacă-ți dorești un colorat ca vecin, votează-i pe laburiști. Dacă deja te-ai [sic] procopsit cu unul, votează cu Conservatorii" (n.a.).

** Iată un act de bigotism care denotă concepții extrem de greșite: bananele comestibile sunt o invenție care aparține întru totul oamenilor, iar maimuțele oricum nu se omoară după aceste fructe. Când i s-a aruncat o banană în 2014, jucătorul Dani Alves de la Barcelona a avut amabilitatea și prezența de spirit s-o mănânce (n.a.).

putem folosi căi ocolitoare, de exemplu să întrebăm respondenții dacă s-ar bucura când o rudă apropiată s-ar căsători cu o persoană cu origini negre sau asiatice. În 2017, peste o cincime dintre britanicii albi au răspuns că i-ar deranja. E o atitudine rasistă, dar când s-a pus aceeași întrebare în același sondaj din 1983, procentul era de peste 50%. Aceeași întrebare a fost inclusă în sondajul din 2017 (pentru prima oară) cu referire la un posibil partener musulman și peste două cincimi din respondenți au răspuns că i-ar deranja.*

E doar unul din indicatorii imprecişi care arată că atitudinile față de diferențele rasiale se relaxează în unele aspecte, și care reflectă schimbarea culturală. Poliția britanică a anunțat că, în 2016, atacurile rasiste raportate s-au înmulțit în jurul referendumului pentru separarea Marii Britanii de Uniunea Europeană. Totuși, nici acesta nu este un indicator pe care să-l putem interpreta definitiv în sensul unei accentuări a rasismului în Marea Britanie – se poate ca frecvența infracțiunilor să fie statică și doar oamenii să fie mai dispuși să le raporteze, încurajați de reacțiile pozitive din partea forțelor de poliție.

Predicatorul aboliționist din secolul al XIX-lea Theodore Parker spunea că balanța morală a lumii trage către dreptate; se poate să fie adevărat, dar nu înseamnă că bigotismul dispare pur și simplu. Doar se reînarmează conform culturii prevalente: în ziua de azi, albii din Marea Britanie par mai ostili față de musulmani decât față de britanicii negri sau asiatici

* Uneori se argumentează că, din moment ce islamul este o religie, musulmanii nu sunt o rasă și deci prejudecățile împotriva musulmanilor nu pot fi considerate rasism. Este adevărat într-un sens foarte literal. Dar în scopul comparației dintre statisticile din 1983 și cele din 2017, bigotismul și prejudecățile față de un grup anume seamănă de multe ori foarte bine cu rasismul, deși grupul respectiv nu poate fi considerat rasă conform definiției tradiționale. În același fel, prejudecățile împotriva persoanelor dintr-o țară anume (de exemplu România) sunt, în fapt, o formă echivalentă de rasism cultural (n.a.).

non-musulmani. Conceptele legate de rasă sunt asociate dintotdeauna cu încercările de a categorisi oamenii, uneori pur și simplu pentru a-i descrie, alteori pentru a crea diviziuni pseudo-științifice cu intenția de a-i subjuga și exploata.

Cu toate că e greu de evaluat cât de rasistă este o populație și dacă nivelul de rasism se modifică, schimbările științifice le *putem* determina cu precizie totală. Se fac descoperiri, se generează cunoștințe, evoluează tehnicile și toate acestea se documentează meticulos. Domeniul geneticii, cu trecutul său rasist, a suferit transformări radicale în scurta sa istorie. A ajuns nu doar esențial pentru cercetarea științifică, ci chiar integrat în cultura generală, transformându-se într-o arie de afaceri cu acoperire enormă, care vizează omul de rând. Știm mai multe ca niciodată despre variațiile, migrația și istoria umană, iar expunerea aceasta la informație a dat un nou avânt întrebărilor despre rasă.

Genetica nu este altceva decât studiul științific al familiilor, sexului și moștenirii trăsăturilor, idei care au preocupat mințile umane cu milenii înainte de Darwin, Mendel, Watson & Crick și alți pionieri științifici care au pregătit terenul pentru era actuală. Genetica umană este studiul asemănărilor și deosebirilor dintre oameni și populații. În secolul XX au avut loc tranziții importante în genetică: descoperirea structurii ADN-ului; descifrarea codului genetic; nașterea efortului de citire a întregului ADN uman. Au fost preludii necesare la o revoluție perpetuă care se desfășoară în genetica secolului XXI. În urma Proiectului Genomului Uman, capacitatea noastră de a secvenția și de a înțelege ADN-ul a explodat dincolo de orice așteptări pe care le aveam în anii 1990. Am transcris codul genetic a milioane de oameni, în baze de date pe care cercetătorii le examinează și le sondează în căutarea unor indicii cât de vagi despre boli, comportament și ascendență. Lucru și mai puțin așteptat, tot mai mulți dintre oamenii despre care vorbim sunt morți, ba chiar au murit acum sute, mii sau chiar zeci de mii de ani. ADN-ul oaselor străvechi oferă date neprețuite despre istoria și preistoria noastră, despre cum am migrat din Africa și am umplut planeta. Ne spun cum erau oamenii înainte să începem să ne documentăm viețile.

Mare parte din cercetarea științifică se face în domeniul public și majoritatea bazelor de date genomice sunt disponibile oricui vrea să le exploreze. Dar acestea sunt minuscule față de numărul de genomuri secvențiate și deținute de câteva companii care se ocupă cu genealogia genetică și care, în schimbul a câteva sute de lire sterline și a unei eprubete cu salivă, vă pot oferi o hartă a oamenilor de pe Pământ al căror ADN seamănă cel mai mult cu al vostru. Testarea genetică adresată direct consumatorului este o zonă tulbure din punct de vedere științific și etic, sensibilă la simplificări grosiere și povești romantice, pe care o voi analiza mai târziu în cartea de față.

Milioane de oameni au plătit astfel de teste și au trimis mostre. Petrecându-mi foarte mult timp discutând despre genetică în public, am observat un fenomen interesant. Odată ce înarmezi oamenii cu propriul cod genetic, până acum inaccesibil și incomprehensibil, conversațiile culturale despre rasă, identitate, etnie și genetică se schimbă. În mare parte, diferențele sunt mărunte: albii vor întotdeauna să descopere că se trag din vikingi, pentru că, hai să recunoaștem, vikingii erau supermișto. În partea a doua a cărții, voi explica de ce *toate* persoanele de origine europeană au strămoși vikingi. Irlandezilor, galezilor și scoțienilor le place să pretindă că au o genealogie genetică celtă, deși „celt” nu trimite la nicio populație antică identificabilă, iar asemănările culturale trădează faptul că, după cele mai noi date genetice, cele trei grupuri de mai sus seamănă adesea mai mult cu englezii de pe principala insulă britanică decât seamănă între ele. În sensul acesta, încercarea de a afirma astfel de identități culturale pe baza geneticii contemporane nu are prea mulți sorți de izbândă, dar asta nu contează prea mult – ne dorim să aparținem de clanuri, triburi și familii, însă deși astfel de povești pot deriva din geografie, apartenență națională și istorie, genetica antică spune prea puține despre ele.

La capătul opus al aceluiași spectru, naționaliștii albi și neo-naziștii coopteză și ei genetica drept mijloc de a-și afirma etnia și, astfel, presupusa superioritate rasială. În 2018, neo-naziștii din America au introdus o nouă metodă de a-și etala autodeclaratul ascendent al rasei: s-au filmat luând parte la „provocarea laptelui", adică dând pe gât lapte de vacă, la bustul gol, într-o încercare ridicolă de a-și demonstra capacitatea codată genetic de a procesa lactoza, un zahar din lapte pe care majoritatea oamenilor nu îl mai pot digera după înțărcare, cu excepția europenilor. Mutațiile genetice care fac posibilă capacitatea aceasta enzimatică (numită persistența lactazei) au apărut în Europa în urmă cu circa 8 000 de ani, iar etalarea ostentativă a unei mutații întâmplătoare selectate de natură pentru ca unii oameni să poată bea lapte toată viața fără mici deranjamente digestive a ajuns, cine știe cum, să fie asociată cu pretenția lor de superioritate rasială. Probabil nu știu că aceleași mutații au apărut independent și există la un număr mare de kazahi, etiopieni, tutsi, khoisani și în multe alte locuri unde creșterea animalelor pentru lapte a fost o parte importantă a evoluției agricole, incluzând nu doar laptele de vacă și de capră, ci și cel de cămilă, pentru populațiile pastorale din Orientul Mijlociu.

Provocarea laptelui este demnă de tot râsul, dar rasiștii declarați au manifestat un mare interes pentru genetica modernă ca instrument de inclus în panoplia lor, demonstrând o înțelegere a complexității evoluției și istoriei umane la fel de greșită ca a celor care pur și simplu tânjesc să fie și ei un pic vikingi. În sens mai larg, genetica populațiilor este cooptată pentru a ne reafirma tendințele vechi și firești de a căuta sens și identitate în societățile noastre. Încercările de a justifica rasismul au avut dintotdeauna rădăcini în știință – sau, mai precis, în știința înțeleasă greșit, prezentată greșit sau pur și simplu falsă. Tendința aceasta nu a dispărut niciodată, dar acum, în zorii celui de-al treilea deceniu al secolului XXI, rasismul revine fățiș, revigorat de noua genetică.

E o știință grea. Ne cere să ne croim drum prin cel mai amplu și mai complex set de date pe care îl cunoaștem – genomul uman. Instrumentele cu ajutorul cărora extragem informație coerentă dintr-un cod compus din trei miliarde de litere sunt și ele imens de complicate, coșmaruri statistice care necesită și pricepere, și gândire profundă. Istoria rasei, a colonialismului, a imperiilor, a invaziilor și a sclaviei este și ea la fel de întortocheată și face subiectul unor cercetări academice serioase. Dar disciplinele acestea se reflectă în viața fiecăruia dintre noi. Oamenii vin la pachet cu prejudecăți, unele învățate, altele dobândite prin experiență, care pot forma temelia unor opinii nesusținute de știința contemporană.

Ne dorim povești simple, care să dea sens identităților noastre. Dorința aceasta se contrazice cu realitatea variațiilor, evoluției și istoriei umane – lucruri dezordonate și extrem de complicate. Dar ele sunt înregistrate în genele noastre. Scopul cărții acesteia este să disece și să expună exact ce poate și ce nu poate să ne spună ADN-ul nostru despre conceptul de rasă.

Genetica umană este studiul modurilor în care ne deosebim și în care ne asemănăm, fie că este vorba de indivizi, de boli, de populații sau de istorie. Majoritatea geneticienilor contemporani (dar nu absolut toți) nu sunt de acord cu ideea că variațiunile genetice dintre grupările rasiale tradiționale ale ființelor umane ar avea vreun efect coerent în ce privește comportamentul sau aptitudinile înnăscute. Și totuși, se publică în continuare lucrări academice în care bazele genetice ale unor trăsături complexe par să se stratifice după linii rasiale. Publicarea de lucrări în jurnale respectabile, prin procesul de evaluare reciprocă din partea altor oameni de știință, este metoda standard de diseminare a cercetărilor, dar nu reprezintă garanția unui standard al adevărului. Înseamnă doar că cercetarea respectivă are un nivel care merită să facă obiectul altor discuții academice. Genetica este tehnică și statistică, iar procesarea unui studiu asociativ asupra întregului genom se poate face în mai multe feluri, așa cum și un tort se poate tăia în mai multe feluri.* Tot timpul apar dezacorduri între oamenii de știință cu privire la importanța rezultatelor, sau la tehnicile folosite în analizele lor. Este perfect posibil ca o lucrare apărută într-o publicație respectabilă să aibă defecte sau chiar să fie greșită. Tocmai de aceea publicăm – ca alți experți să ne poată testa ideile. Acum, în era internetului, când răspândirea studiilor devine minunat de ușoară, la fel de simple devin și diseminarea argumentelor defectuoase sau interpretările

* O metodă nouă de a tăia un tort rotund a fost inventată și publicată în prestigiosul jurnal *Nature* în 1906, iar autorul era nimeni altul decât părintele eugeniei, Francis Galton, care observa că „metoda obișnuită de a tăia câte o felie din centru spre margine lasă foarte mult de dorit". Ideea lui presupunea tăierea unei felii pe diametru și apropierea celor două secțiuni rămase, pentru ca partea expusă să nu se usuce până a doua zi. Apoi se repetă procedura, dar pe axă, în unghiuri drepte față de felia din ziua anterioară. Moștenirea intelectuală a lui Galton este și profund pozitivă, și profund negativă, dar vai, tehnica felierii tortului nu face parte din ea (n.a.).

greșite de către agenți rău-intenționați. Prin urmare, nuanțele discuțiilor academice de felul acesta se pierd într-un hățiș de afirmații furioase și analfabete științific care țin de tribalism, politică identitară și rasism pur, deghizate sub formă de știință.

Adeseori, astfel de discuții sunt îngreunate nu doar de lipsa de cunoștințe în domeniu, ci și de imprecizia limbajului. „Rasă" este un termen foarte prost definit. Încă din secolul al XVII-lea, încercările de a clasa oamenii în tipuri rasiale au dat naștere unui număr de rase între 1 și 63. Vorbim nonșalant despre negri, sau despre est-asiatici, sau despre alte moduri de a categorisi miliarde de persoane, care se referă în primul rând ori la suprafețe geografice, ori la câteva caracteristici fizice – dintre care niciuna nu este mai vizibilă decât pigmentarea.

Rasismul are multe definiții: o versiune simplă îl conturează drept o prejudecată cu privire la ascendența persoanelor care poate da naștere unor acte discriminatorii. Este combinația dintre prejudecata împotriva unor trăsături biologice imposibil de schimbat și un comportament nedrept justificat prin astfel de judecăți. Poate funcționa la nivel personal, instituțional sau structural. După definiția aceasta, rasismul este ceva ce a existat dintotdeauna, deși conceptul de rasă s-a schimbat de-a lungul timpului. Termenul „rasă" a fost sinonim, în trecut, cu mai multe categorii științifice, printre care subspeciile sau tipurile biologice, dar categoriile acestea au fost folosite și pentru a descrie animale și legume, pe lângă triburi, naționalități, etnii și populații.

În biologia modernă, cuvântul „rasă" se aplică în mod mai specific la categorii informale pe care oamenii tind să le înțeleagă mulțumită uzului comun contemporan al termenului. Dar ca urmare a unei taxonomii tot mai precise în rândul oamenilor, niciunul din sensurile istorice sau colocviale ale cuvântului nu se potrivește cu ce ne spune genetica despre variația umană. Prin urmare, tindem să spunem lucruri superficiale precum „rasa nu există" sau „rasa e doar o invenție socială".

Sentimentele de felul acesta pot fi bine intenționate, dar riscă să aibă efectul de a submina metoda mai științifică de a exprima complexitatea din spatele variației umane și încercările noastre stângace de a ne clasifica pe noi sau pe alții. Nu încape îndoială că rasa există tocmai *pentru că* este o invenție socială. Întrebarea la care trebuie să răspundem noi este: Există vreo bază a rasei care să aibă sens în termenii biologiei fundamentale și ai comportamentului? Există diferențe biologice (adică genetice) esențiale între populații care să explice asemănări sau diferențe importante din punct de vedere social, în cadrul populațiilor sau de la o populație la alta?

Dacă rasa este o invenție socială, și asta are o bază biologică: clasificarea grosieră a oamenilor se face după trăsături fizice ca pigmentația sau fizionomia și trebuie să recunoaștem că acestea sunt caracteristici determinate în mare parte de exprimarea genelor, care variază de la persoană la persoană și de la populație la populație în moduri pe care le putem analiza mai amănunțit și mai precis acum decât în orice altă perioadă din istorie. Categorisirile culturale derivă în mare parte din ascendență, ceea ce înseamnă, în termeni generali, că oamenii dintr-un grup seamănă genetic între ei mai mult decât seamănă cu oamenii din alt grup. Sunt variațiunile acestea importante din punct de vedere biologic? Pielea închisă la culoare – pe care o asociem de cele mai multe ori cu oamenii ai căror strămoși, în majoritatea lor, nu fac parte din diaspora celor plecați din Africa în urmă cu circa 70 000 de ani – este determinată de gene, ca și pigmentația cam la fel de întunecată a celor din sudul Indiei și a populațiilor indigene din Australia, ambele grupuri ai căror strămoși au plecat din Africa mai devreme cu milenii întregi. Nimeni nu crede efectiv că versiunile acelor gene de pigmentație din populațiile africane le conferă capacitatea de a alerga mai repede sau mai mult timp decât alții. Și totuși, persistă presupunerea comună că există ceva asociat implicit cu pigmentația care se traduce în aptitudini fizice. Multe voci influente din istoria europeană (Kant, Voltaire, Linnaeus) credeau același lucru.

Suntem o simfonie complexă a naturii și a educației, a ADN-ului și a mediului; ne compunem din lucrurile cu care ne naștem și lucrurile care se întâmplă în noi și în jurul nostru. Biologia fundamentală ne este codată în gene, pe care le moștenim de la părinți (și deci de la strămoși) într-o combinație unică pentru fiecare dintre noi. Codul respectiv este inalterabil (cu excepția mutațiilor, care pot fi inofensive sau pot provoca boli, cum ar fi cancerele) și formează, astfel, fundația vieților pe care le trăim. Nu există metaforă perfectă care să descrie în mod util complexitatea amețitoare a genomurilor noastre, așa cum ne-o dezvăluie știința secolului XXI. De ani buni circulă comparația între ADN și un plan de șantier, dar asta riscă să inducă în eroare și are prea puțină valoare explicativă, pentru că implică un plan detaliat, bine definit, în care fiecare instrucțiune descrie o componentă a biologiei noastre determinată prin natura ei.

Genele sunt secvențe de compuși chimici codați care determină ordinea aminoacizilor ce formează proteinele care ne transpun biologia în plan fizic. Pașii de la codul scris brut la o viață trăită sunt extraordinar de complecși. Proteinele există sub formă de enzime, hormoni, arhitectură celulară, mecanisme moleculare, transportori și toate funcționează în rețea cu alte molecule, într-o varietate de celule și organite, în țesuturi și organe, exprimate în timp și spațiu de la concepție până la moarte. Când vorbim de natură și dezvoltare, nu este nici util, nici exact să punem cele două fenomene în opoziție. Natura (adică ADN-ul) nu se orientează niciodată *versus* educație (adică tot ce nu este ADN-ul nostru). Genomurile constituie totalitatea ADN-ului nostru; acolo se află genele. Educația (adică mediul non-genetic) nu se referă la cât te-au alintat sau cât te-au ignorat părinții în copilărie, ci la fiecare interacțiune dintre univers și celulele tale, inclusiv cum ai fost crescut, dar și orice altceva, de la orientarea ta ca fetus *in utero,* la întâmplări aleatorii, provocate de șansă și de zgomotul de fond într-un sistem foarte dezordonat.

În secolul XX, oamenii de știință fluctuau între polii determinismului genetic și al negaționismului genetic. Mișcările eugenice populare în perioada interbelică reprezentau convingerea că succesele și slăbiciunile noastre sunt înnăscute și imutabile. După ce a expus atrocitățile celui de-al Doilea Război Mondial, cultura de cercetare s-a reorientat către teoria *tabula rasa*, care spune că mediul este cel care ne modelează caracterul. Adevărul se află, inevitabil, undeva la mijloc, deși se discută în continuare care dintre cele două este dominantă. Desigur, a nega importanța geneticii în influențarea comportamentelor noastre ar fi o nebunie. Lucrul acesta nu este, poate, nicăieri mai evident decât în sporturi, unde terenul de joc nu este niciodată egal. Succesul sportiv are, fără îndoială, o bază fundamental biologică – fiziologia și anatomia sunt intrinsece victoriei. Formele fizice variază la populațiile din lumea întreagă, iar atașamentul pe care-l avem față de sport ne poate face să inventăm legături între genetică, ascendență și anatomie. Dar genele nu sunt singurul factor determinant al succesului sportiv, care este o interacțiune complexă între genetică și o viață în întregul ei, după cum vom vedea în partea a treia. Întrebările la care trebuie să răspundem în raport cu biologia, cultura și rasa au de-a face cu ponderea influenței genelor și cu necesitatea de a determina dacă aceasta este unică sau esențială la anumite populații.

Dacă studiul oamenilor este complex, nu există ramură a biologiei mai greu de înțeles decât aptitudinile noastre cognitive. Știința care ne ajută să înțelegem cum funcționează creierul este încă în prima copilărie, și încă una turbulentă. Rămâne un mister cum se conectează neuronii ca să dea naștere gândurilor și cum se traduc gândurile în acțiuni sau experiențe înăuntrul ființei umane sau între oameni. Neuroștiința, psihologia, sociologia și antropologia sunt discipline științifice despre oameni care pre-datează genetica și totuși își au rădăcinile în ea. Dacă, prin cine știe ce miracol imposibil, am fi descoperit genetica înaintea antropologiei și a tuturor celorlalte discipline conexe, mă întreb dacă ar mai fi apărut rasismul științific. Evoluția ne induce privirea în eroare: face oamenii să pară asemănători, în timp ce codul de bază spune altceva.

Creierele sunt elemente biologice și deci construite pe baza genelor, care variază de la o persoană la alta, de la o populație la alta. Oare clasificarea culturală, socială, ancestrală și familială ca evreu are vreo bază biologică mulțumită căreia evreii par să aibă aptitudini cognitive mai mari decât restul lumii, după cum se susține frecvent? Oare pretinsa diferență între etnia neagră și alte populații la testele IQ își are originea în diferențe genetice, sau în societățile noastre? Oare succesul evreilor la activități evident intelectuale ca șahul, muzica clasică și știința este rezultatul unui avantaj biologic, mai presus de interesul pur cultural pentru aceste ocupații?

Aceste două exemple, forța fizică și inteligența, însumează opiniile exprimate la nașterea geneticii ca disciplină, în urmă cu un secol, când rasismul era mult mai acceptabil cultural. Argumentele în sprijinul observațiilor neaprofundate ale oamenilor în general iau uneori forma următoare: „Evreii se pricep la activități intelectuale pentru că istoria lor plină de persecuție și asocierea cu ocupații financiare de-a lungul secolelor i-au motivat la aptitudini cognitive superioare și au încurajat transmiterea lor". Un altul este: „Secolele de sclavie au favorizat forța fizică la negri, ceea ce le explică succesul în anumite sporturi". Ambele sunt ipoteze științifice care se pot testa în era aceasta a geneticii, deși niciuna dintre idei nu este nouă. De secole se scrie despre creierele evreilor și mușchii negrilor, încă de la nașterea antropologiei, a științei evoluției și a studiului mai formal al moștenirii biologice, în secolul al XIX-lea, sub pretextul științei. Convingerile acestea sunt larg răspândite și nu fac câtuși de puțin apanajul adepților supremației albe. Le vom pune la încercare în continuare.

Subiectul meu are un trecut sumbru, care își are originile în colonialism, în supremația albilor și în persecuție. Chiar și ascendența mea academică este intrinsec legată de nașterea rasismului științific, de eugenie și de cele mai mari atrocități din istoria omenirii. Sunt povești și teorii pe care trebuie să le revizuim urgent, înarmați cu înțelegerea biologiei din secolul XXI.

Genetica se întrepătrunde cu istoria rasei în toate modurile imaginabile. Voi separa, ca într-o analiză criminalistică, ce spune genetica despre culoarea pielii azi și în istoria și ascendența noastră, ce spune despre inteligență, despre organismele noastre și despre reușitele sportive, despre miturile rasei, purității și superiorității rasiale. Mai mult, cartea de față este un instrument – o armă – care poate fi etalată atunci când știința e deformată, prezentată greșit sau abuzată pentru a susține un argument sau a justifica ura.

I

PARTEA ÎNTÂI

Pielea în joc

1

Dintre toate reprezentările rasei folosite de oameni, pielea este cea mai izbitoare – hai să începem, deci, de la culoare. Omul este o specie foarte vizuală, iar pigmentarea este primul și cel mai influent indicator la care recurgem pentru a ne clasifica semenii. Culoarea pielii este determinată de gene, pe lângă efectele de mai mică importanță ale soarelui.

Genele codează proteine; proteinele pun în practică biologia. Cu alte cuvinte, toate formele de viață se compun din sau de către proteine. Părul este făcut din keratină, o proteină. Melanina care ne pigmentează părul și pielea nu este o proteină în sine, dar producția ei este în mare parte controlată de proteine, codate de genele noastre. Deși toți avem același set de gene, ele nu sunt tocmai identice. Variațiunile mărunte din secvența unei gene de la o persoană la alta se vor manifesta ca proteine ușor diferite. De aici rezultă deosebirile biologice dintre toate ființele umane: din metode diferite de a formula cele circa 20 000 de gene ale fiecăruia dintre noi, dându-ne o culoare sau alta.

Suntem încrezători în cât am reușit să înțelegem din fundamentele geneticii, dar legătura dintre codul genetic de bază și forma și funcția unei proteine este înșelătoare. Facem tot mai multe descoperiri în era genomicii, dar nu ne este niciodată ușor, ba de cele mai multe ori e chiar imposibil să prognozăm manifestarea fizică a genei care codează o caracteristică - să deducem fenotipul din genotip. În secolul al XIX-lea, omul de știință Gregor Mendel a încrucișat varietăți de mazăre cu miile și a determinat faptul că trăsăturile se transmit de la o generație la alta după tipare distincte, cu reguli stricte. După ce opera lui a fost redescoperită în zorii secolului XX, conceptul de genă a fost definit drept o unitate de moștenire - un fragment distinct de informație transmisibilă generației următoare. De fapt, ideea este mult mai veche, deși de-abia în secolul XX a fost sistematizată științific. Cea mai veche descriere a unei tulburări genetice vine din Talmud, sub forma instrucțiunii rabinice cum că băieții sunt scutiți de circumcizie în primele zile de viață dacă alți membri ai familiei de sex bărbătesc au murit sângerând după aceeași procedură - semn al afecțiunii cunoscute azi drept hemofilie. Tiparul acesta de moștenire, la fel ca la forma sau culoarea mazării lui Mendel două milenii mai târziu, se bazează pe reguli indubitabil corecte, pe care le numim mendeliene.

Imaginea generică a moștenirii genetice s-a dovedit mult mai complicată la oameni decât la mazăre. Vechile noastre modele simpliste despre legăturile dintre o genă anume și o caracteristică specifică s-au erodat în ultimele decenii. Nu e surprinzător în cazul trăsăturilor umane complexe, ca inteligența, sau a bolilor precum schizofrenia, în care s-a dovedit că zeci sau uneori sute de gene joacă un rol mic, dar cumulat. Asta știm de ani buni. Genomurile sunt ecosisteme complexe, dinamice, în care genele au mai multe funcții în organism, în funcție de unde și când e nevoie de ele. O genă implicată în creșterea unui embrion imediat după concepție poate avea un rol foarte diferit mai târziu în viață, sau niciunul. Se întâmplă ca o genă să aibă mai multe roluri – efect numit pleiotropie. Un alt fenomen, epistaza, este cel în care impactul unei gene depinde de altele; efectul său poate fi pozitiv sau negativ și se poate manifesta între gene complet diferite din rețele, sau chiar și între două copii ale aceleiași gene, ceva ce avem cu toții, câte una moștenită de la fiecare părinte. Genele fac multe lucruri în multe feluri și, chiar și după o viață de studiu, tot mai găsim noi metode de funcționare ale genomului uman. Codul genetic a rămas static miliarde de ani, dar evoluția a adus mereu modificări mărunte la modurile cum construiește el viața.

Exemplele clasice cu care ilustrăm principiile de bază ale moștenirii biologice sunt adesea cele legate de pigmentare, de exemplu culoarea ochilor, dar și ele se dovedesc mult mai complicate decât ni se explică la cursuri. La școală învățăm că ochii albaștri și căprui ne sunt dați de versiuni diferite ale aceleiași gene (numită alelă; alela căpruie este dominantă față de cea albastră, ceea ce înseamnă că pentru a avea ochi albaștri trebuie să moștenești câte o alelă albastră și de la mamă, și de la tată, pe când prezența a una sau două alele căprui îți va face ochii căprui). E aproape adevărat, dar situația e complicată de faptul că există o genă implicată în pigmentarea verde a irisului și cel puțin o duzină de alte gene cu efect demonstrat asupra culorii ochilor. Rezultatul rețelei acesteia este că, în ciuda a ce învățăm la școală, este posibil ca un copil să aibă ochii de *orice* culoare, indiferent de combinația de culori a ochilor părinților.

Un alt exemplu care a menținut cu dârzenie un model strict mendelian de moștenire este *MC1R*, o genă implicată, din nou, în toate tipurile de pigmentare, dar cel mai evident în culoarea părului, o trăsătură foarte vizibilă. Există multe variante de *MC1R*, dar numai vreo șaptesprezece dintre ele schimbă comportamentul proteinei pe care o codează, făcând-o să producă un tip specific și neobișnuit al pigmentului numit melanină. Dacă ai două copii ale uneia dintre aceste variante, ai părul roșcat. În sensul acesta, părul roșcat este o trăsătură recesivă clasică: numai cei cu două alele roșii de *MC1R* vor avea plete roșcovane.

Așa am învățat cu toții până în decembrie 2018, când un studiu genetic la scară largă a dezvăluit că variantele pentru păr roșcat ale lui *MC1R* explică circa 70% din cazurile de păr roșcat și că majoritatea celor cu două variante despre care se credea că dau păr roșu au, de fapt, plete castanii sau blonde. Se pare că au influență asupra pigmentării părului aproape 200 de gene, adică aproximativ 1% din numărul total de gene din genomul uman. De-abia în era seturilor de date genomice colosale s-a putut revela un astfel de rezultat: oamenii de știință care au efectuat studiul au analizat genele a 350 000 de persoane pentru a arăta că modelul pentru păr roșcat, odinioară simplu, este mai degrabă insondabil de complex.

De-a lungul scurtei istorii a geneticii, ne-am agățat de modele simple care explică trăsături aparent simple, cum sunt culoarea ochilor și cea a părului. Dar dacă ne uităm la ochii oamenilor vom observa un spectru complet, de la albastrul cel mai palid la negru aproape desăvârșit, ca să nu mai vorbim de tipare amestecate în iris, pete de diferite nuanțe și heterocromie în toată regula, în care ochii au zone clar definite de alte culori sau, în unele cazuri, fiecare ochi are altă culoare.*

---

* Heterocromia bilaterală completă este izbitoare și splendid de rară. O cauzează de obicei mozaicismul genetic, adică existența a două seturi diferite de gene în celule diferite. Mulți spun că David Bowie avea heterocromie, dar situația lui era cu totul alta – avea anizocorie, în care una din pupile este permanent dilatată și nu reacționează la schimbările de lumină, ceea ce dădea impresia de culori diferite, deși avea ambii ochi albaștri. A rămas cu problema aceasta după ce a primit un pumn în figură într-o încăierare la școală, pornită de la o fată (n.a.).

Încercările de a clasifica oamenii după astfel de trăsături aparent simple nu sunt ușoare, iar genetica ce stă la baza lor este îngrozitor de complicată.

La fel stau lucrurile și cu pigmentația pielii. Melanina este pigmentul principal din piele, iar funcția ei este să protejeze. Acum peste un milion de ani, strămoșii noștri din Africa au început să-și piardă blana odată cu trecerea la traiul în savane deschise, în loc de păduri sau jungle. Părul des te încălzește, așa că și-au dezvoltat strategii noi pentru a se răcori, inclusiv transpirație mai eficientă și pierderea a mare parte din părul de pe corp; am schimbat foliculii firelor de păr pe glande sudoripare. Dar noua expunere a pielii creștea riscul deficienței de acid folic sau vitamina B9, una din vitaminele esențiale, ca efect al razelor ultraviolete. Lipsa acesteia cauzează o întreagă serie de probleme medicale grave, inclusiv anemia și defecte ale coloanei vertebrale în timpul dezvoltării în uter. Sunt presiuni evoluționare importante, așa că pielea a învățat să se adapteze.

Celulele specializate de la baza straturilor de piele, numite melanocite, produc melanină, care se depune în pachețele minuscule (melanozomi) ce migrează spre lumină și se așază peste alte celule ale pielii. Astfel, absorb și blochează pur și simplu razele UV înainte să distrugă nivelul de vitamina B9 din celulele de dedesubt. Dacă ai pielea deschisă la culoare, ai mai puțină melanină și deci o capacitate redusă de a absorbi razele ultraviolete prin mecanismul acesta, așadar, dacă îmi permiți să-ți ofer un sfat pentru viitor, folosește cremă cu protecție solară.

Principiile acestea fundamentale se cunosc deja, dar imaginea este complicată de faptul că există mai multe feluri de melanină, a cărei producție variază în funcție de unde se află celula respectivă în corp. Feomelanina este o versiune mai roz, care se întâlnește în părul roșcat, sfârcuri, penis și vulvă. Eumelanina este mai frecventă și există în piele, iris și majoritatea culorilor de păr. Sunt implicate multe gene în căile biochimice de producție a melaninei, iar variația genetică naturală de la un om la altul este cauza fundamentală a spectrului de nuanțe ale pielii întâlnite la specia noastră. Melanozomii sunt mai mici sau mai mari, mai puțini sau mai numeroși în funcție de om sau chiar la aceeași persoană, factor care influențează și el pigmentația vizibilă. La fel ca în cazul culorii ochilor sau părului și al majorității caracteristicilor umane, genetica pigmentării variază foarte mult, este complexă, derutantă și înțeleasă doar în parte.

Nu este, deci, deloc surprinzător că în cadrul unei populații de peste 1,2 miliarde de oameni din 54 de țări, culoarea pielii locuitorilor continentului african este o tapiserie vastă, care se suprapune cu cea a indienilor, a aborigenilor australieni, a sud-americanilor și a unora dintre europeni. Cu toate acestea, vorbim de „negri" și de „indieni". Pigmentația unui scoțian cu pielea palidă și părul roșu este foarte departe, pe paleta culorilor, de a unui spaniol obișnuit, deși pe amândoi îi numim albi. Culoarea pielii a peste un miliard de est-asiatici este la fel de variabilă și totuși, în ziua de azi, nu obișnuim să-i denumim în funcție de ea. „Galben", deși parte integrantă din descrierea est-asiaticilor timp de mai multe secole în perioada dezvoltării rasismului științific, nu mai este folosit decât rareori și este acceptat în general drept un epitet complet imprecis și pur și simplu rasist. Dimpotrivă, marcatorii rasiali principali ai est-asiaticilor sunt pliul epicantal al pleoapei superioare (prezent și la berberi, inuiți, finlandezi, scandinavi, polonezi, americani indigeni și persoanele cu sindromul Down) și părul des, negru și drept. Categoriile rasiale tradiționale nu prezintă consistență în limitările lor taxonomice.

De-a lungul secolelor, știința s-a dezvoltat, iar procesul de aplicare a unor principii taxonomice populației umane s-a rafinat tot mai mult. În cele din urmă, originile omenirii și diversitatea oamenilor aveau să se unifice științific prin intermediul geneticii. Însă ele au fost încă de la început concepute împreună, sau cel puțin din secolul al XVII-lea, când s-a făcut prima din numeroasele încercări de a formaliza definiția rasei și a numărului de rase umane. În discuția despre istoria clasificării umane, este important să ținem cont de cultura în care se făceau aceste descrieri; în ziua de azi, multe dintre ele sunt indigeste și neștiințifice, dar le putem pur și simplu descrie drept rasiste, în loc să le condamnăm neapărat ca atare.

S-au păstrat numeroase referințe la culoarea pielii din istoria antică, mai ales din Egipt, a cărui geografie modelată de Nilul leviatanic se întinde pe o distanță mare de la nord la sud, astfel întâlnind o varietate de nuanțe ale pielii, în funcție de apropierea de Ecuator – de la Mediterana, în nord, la Sudanul de azi, în sud. Există prea puține dovezi despre vreo structură de clasă sau socială legată de culorile pielii în Egiptul antic, deși diferențele de nuanță se reflectă în arta sa.

Orașele-state grecești și imperiul format de ele mai târziu s-au întins pe suprafețe mari și au fost legate predominant de mare. Grecii antici aveau multe cuvinte legate de identitate, etnie și naționalitate: *ethnos*, *ethos*, *genos* și altele. Și în literatura greacă există o mulțime de referiri la nuanțe de piele și pigmentație, deși traducerea directă nu este întotdeauna la obiect. Stăpânirea grecilor s-a întins din est și a înaintat destul de departe în Africa. Primele referințe la Etiopia apar în *Iliada* și *Odiseea* – cuvântul în sine este o combinație între *aitho* și *ops*: *ars* și *față*. În *Iliada*, părul lui Ahile este descris cu cuvântul *xanthos*, care poate însemna blond, șaten sau chiar roșcat. Cum se întâmplă în toate limbile, cuvintele antice nu se suprapun neapărat pe cele din prezent. Uneori, termenii în cauză sunt folosiți pentru a descrie temperamentul în egală măsură cu aspectul fizic, la fel ca în mai multe limbi moderne – în care „blondă" devine un termen peiorativ pentru femei, cu sensul de „prostuță"; unele dicționare dau cuvântului „oacheș" și sensul de taciturn sau misterios, pe lângă acela al coloritului închis. Odiseu este numit uneori *xanthos*, alteori „cu pielea neagră", iar în traducerea *Odiseei* făcută de Emily Wilson apare drept „bronzat". În fond, era un bărbat complicat.

Poate pentru cei mai mulți dintre noi, care nu suntem experți în lumea clasică, presupunerea că grecii din vechime erau albi vine de la statuile antice, pe care azi le vedem de albul pur al marmurei, dar la vremea lor, acestea erau pictate în culori vii. În schimb, majoritatea reprezentărilor umane de pe ceramica antică sunt de un negru monoton, însă nimeni nu deduce de aici că grecii aveau pielea închisă la culoare.

În același fel, Roma a fost o stăpânire intercontinentală enormă, atât pe vremea Republicii, cât și a Imperiului. A luat sclavi și la nord, și la sud, dar a integrat non-romani în societate și în afara raportului de servitudine. Faptul că în Britania romană existau oameni din multe părți ale Africii și din Orientul Mijlociu este un fapt deloc controversat. Nu sunt ușor de determinat proporțiile acestor grupuri internaționale, printre altele și ca urmare a diversității din cadrul Imperiului Roman și a lipsei de importanță și de claritate a cuvintelor prin care se descria pigmentația. Dar dovezile scrise și arheologice nu lasă loc de echivoc. Un guvernator roman al Britaniei din secolul al II-lea, Quintus Urbicus, era născut în

Numidia, sau Algeria de azi. O piatră de mormânt din aceeași perioadă găsită în orașul englez South Shields marchează moartea unei femei care trăise în apropierea Londrei, pe nume Regina, sclavă eliberată care se căsătorise cu un bărbat pe nume Barates, din Palmira, din Siria de azi. În epoca genomicii, putem analiza amestecul dintre diverse grupuri istorice cu ajutorul ADN-ului, dar până acum avem prea puține date legate de locuitorii Britaniei romane. Motivele sunt destule: încă nu s-a aruncat prea des năvodul în marea de informații despre genomurile oaselor romane și se prea poate ca genele din ele să se fi pierdut în timp din genomurile contemporane. Poate populațiile respective nu aveau prea des relații sexuale cu localnicii, deci nu se producea amestecul genetic, ca să folosim o denumire generică; în același fel, există foarte puține urme de ADN danez în britanicii din ziua de azi, în ciuda secolelor de stăpânire a unor părți mari din insulă și a regiunii medievale Danelaw din Anglia, unde dominau legile danilor. Amestecul cu africanii a lăsat, însă, unii indicatori clari. În 2007, s-a arătat că un grup restrâns de bărbați albi din Yorkshire care nu aveau nicio legătură cunoscută cu Africa posedau cromozomi Y întâlniți cel mai frecvent în țări ca Guineea-Bissau și că influxul respectiv de gene s-ar fi putut produce în perioada Britaniei romane.

A nu se înțelege că imaginea rezultată este una în care trecutul Europei e un creuzet multicultural utopic și dominat de egalitate. Nimic mai departe de adevăr – erau vremuri marcate de sclavie larg răspândită și expansiune colonială. Abundau stereotipurile și prejudecățile religioase și etnice. Dar criteriile de subjugare de atunci nu erau aceleași cu cele de azi, iar pigmentarea nu a fost dintotdeauna un factor principal de determinare a caracterului sau originii.

În literatura care ne-a rămas din lumea islamică medievală există foarte puține discuții despre superioritate sau prejudecată legate de culoarea pielii, până la scrierile filozofului Avicenna din secolul al XI-lea, care credea că oamenii expuși la extreme climatice (corespunzătoare Orientului Mijlociu) erau mai potriviți pentru sclavie ca urmare a unor diferențe de temperament determinate de regiunile unde trăiau: europenii cei cu pielea palidă erau ignoranți și lipsiți de judecată, africanii cei cu pielea oacheșă erau vicleni și nesăbuiți. Ambele categorii, așadar, au fost considerate adecvate pentru oprimare într-o perioadă care a durat peste 900 de ani și a impus sclavia unui număr de peste cinci milioane de oameni.

Apariția unei abordări științifice (sau, mai bine spus, pseudo-științifice) a taxonomiei umane a coincis cu dezvoltarea imperiilor europene. Înainte de expansiunea europenilor pe glob, caracterizarea diverselor populații se baza mai degrabă pe religie sau limbă decât pe culoarea pielii, dar odată cu începutul și dezvoltarea erei revoluțiilor științifice, pigmentația a devenit un aspect esențial al caracterului oamenilor.

Este adevărat că unii din pionierii antropologiei se călăuzeau după principii științifice, dar tratarea persoanelor din colonii potențiale sau actuale drept diferite și inferioare legitimează subjugarea. Este mult mai ușor să susții cauza ocupației și a sclaviei dacă ești convins că indigenii sunt altfel, au origini diferite și sunt inferiori calitativ coloniștilor. În ciuda acestui proces de rasializare, încă din secolul al XVII-lea, unii au aderat la o perspectivă creștină mai puțin divizată pe criterii de rasă, în care toate ființele umane sunt copiii lui Adam și ai Evei. Ideea aceasta, numită monogenism, a fost susținută de învățați importanți, precum Robert Boyle și Immanuel Kant. Kant a formulat ideea că omenirea are o singură origine, dar că diferențele fixe, în primul rând cele legate de nuanța pielii, s-au născut din condițiile locale.

Teoria opusă, poligenismul, afirma că diversele populații umane au apărut în zonele pe care le ocupau la vremea respectivă și deci aveau comportamente biologice și culturale diferite, rezultate dintr-o evoluție izolată. Printre susținătorii ei se număra și Voltaire. Marele reprezentant al gândirii iluministe era un poligenist înflăcărat și scria în 1769 cele ce urmează:

> „Înțelepții noștri au spus că omul a fost făcut după chipul și asemănarea Domnului. Iată, atunci, o mândrețe de asemănare a Divinului nostru Creator: nas turtit și negru, inteligență puțină sau deloc. Va veni, fără îndoială, și vremea când animalele acestea vor ști să cultive bine pământul, să-și înfrumusețeze casele și grădinile și să deslușească mișcările stelelor; pentru toate se cere timp".

Naturalistul suedez Carl Linnaeus a creat clasificarea taxonomică a tuturor vietăților pe care o folosim și în ziua de azi: gen și specie – *Homo sapiens*. În 1758, în a zecea ediție a lucrării lui clasice *Systema naturae*, ne separa în cinci categorii sau subspecii: *Afer* (de la Africa), *Americanus*, *Asiaticus*, *Europæus* și *Homo sapiens monstrosus*. Schema lui se baza în mare pare pe culoarea pielii, dar merită observat că aplica tot felul de judecăți de valoare rasiste, pe lângă trăsăturile biologice mai prozaice: *Afer* erau femele leneșe și viclene, lipsite de rușine și mânate de capriciu; *Americanus* aveau pielea roșie, părul negru și drept și erau muncitori, încăpățânați și călăuziți de datini; *Asiaticus* erau aspri, îngâmfați, lacomi și se luau după orice părere. Dar subspecia *Europæus* cum o judeca? Blânzi, cu spirit pătrunzător, inventivi și guvernați de legi. Cât despre *Homo sapiens monstrosus*, Linnaeus amesteca legenda cu știința contemporană, punând în categoria aceasta ființe umane mitice și oarecum bizare: oameni-fiare, băieți-lup și fete sălbatice, pitici patagonezi și hotentoți cu un singur testicul.

Alții erau mai puțin ostili și rasiști în încercările lor de a categorisi oamenii și a justifica ierarhiile rasiale. În secolul al XVIII-lea, antropologul german Johann Blumenbach a fost printre primii care au aplicat principii științifice populațiilor umane. Tot el a împărțit oamenii în cinci grupuri taxonomice ancestrale: caucazieni (adică europeni albi); vest-astiatici și nord-africani; etiopieni (adică africani din zona sub-sahariană); mongoli, adică est-asiatici, cu excepția celor din Asia de Sud-Est, pe care îi punea în categoria „malaiezieni"; și americani nativi. Craniometria, bazată pe măsurătorile a 60 de cranii, reprezenta o bună parte din sistemul lui și avea o pondere mult mai mare decât culoarea pielii, deși unele din epitetele pigmentare încă în uz vin de la taxonomia lui: își numea cele cinci categorii albi, negri, galbeni, cafenii și roșii. Era un adept aparte al creaționismului biblic, în sensul că afirma că Adam și Eva fuseseră caucazieni cu pielea albă născuți în Asia, iar descendenții lor migraseră de la baza aceea în toată lumea. Era așa-numita ipoteză degenerativă, conform căreia rasele se născuseră din pricina condițiilor de mediu locale, ca în cazul pigmentării închise la culoare a africanilor ca reacție la soare.* În cadrul schemei acesteia, Blumenbach insista cu tărie că cele cinci varietăți făceau parte din una și aceeași specie.

* Înțelesul cuvântului „degenerativ" aici nu este neapărat cel pe care l-am folosi azi, ci implică o schimbare față de forma anterioară, nu declinul explicit de la o formă perfectă, intactă (n.a.).

E interesant de observat că Blumenbach era aproape de înțelegerea științifică modernă a migrației și evoluției umane, deși în aproape toate celelalte aspecte se înșela. Acum știm că *Homo sapiens* este o specie de origine africană, probabil pan-africană, cu rădăcinile în mod sigur în Valea Marelui Rift din estul continentului, dar și în nordul său, unde s-au găsit cele mai vechi rămășițe ale speciei noastre, de acum circa 300 000 de ani. Știm că pielea palidă este o adaptare prin selecție naturală la expunerea la soarele mai slab al climelor nordice, mai înnorate. Mai merită spus și că Blumenbach manifesta mai multă reținere în legătură cu afirmația că africanii ar fi inferiori europenilor albi: „Nu se cunoaște nicio așa-zisă nație sălbatică în lume care să se fi distins atât de mult precum omul negru, prin asemenea exemple de îmbunătățire și capacitate originală pentru cultura științifică, și care astfel s-a apropiat atât de mult de cele mai civilizate popoare ale pământului".

Alt contemporan al lui Blumenbach (și oponent al lui Kant) a fost Johann Gottfried von Herder, care adopta o perspectivă științifică aparent și mai modernă: el afirma că ideea existenței a patru-cinci categorii rasiale era falsă. „Culorile se contopesc unele cu altele [...]", scria el și observa o variație a omului pe un continuum care „ține mai puțin de istoria sistematică a naturii decât de istoria fizico-geografică a omenirii".

Evaluarea lui Von Herder se apropie impresionant de mult de vederile științifice ale secolului XXI asupra călătoriei omului pe glob.* Vocea lui s-a pierdut, acoperită de afirmația lui

* Nu trebuie, însă, să facem greșeala de a crede că Von Herder era non-rasist sau vreun model de om de știință modern. „O îndeletnicire în care domină evreul", scria el, „o gospodărie în care evreul ține cheile cămării și băierile pungii [...] sunt precum paludele de unde vin molimele, cu neputință de asanat." Tot el susținea că „Puiul de negru se naște alb: mai întâi i se colorează pielea din jurul unghiilor, sfârcurile și părțile rușinoase. [...] Ieșirea

Kant despre legătura inerentă dintre culoarea pielii și caracter, legătură întipărită în biologie, înnăscută și, deci, metodă legitimă de a clasifica și a ierarhiza ființele umane. Cele cu pielea palidă le erau superioare celor cu pielea întunecată.

Kant era la fel de îndârjit și în privința imutabilității acestor calități. Negrul pielii africane era ca scris în piatră, iar de el era legată prostia, împreună cu anumite caracteristici înrudite. Ideea aceasta a imutabilității o împărtășea și naturalistul francez George Cuvier, care a optat, în 1798, pentru trei rase umane: caucaziană, mongolă și etiopiană. Tot în ordinea aceasta le stabilea și ierarhia, europenii fiind cei mai frumoși și „superiori altora prin geniu, curaj și fapte".

În secolul al XIX-lea, biologia se apropia de o adevărată revoluție. Ideea de evoluție și îndepărtarea de creația specială făcea parte din noua cultură științifică schimbătoare, iar în 1859, *Originea speciilor* a lui Charles Darwin avea să dezvăluie adevărul despre istoria vieții pe Pământ și procesul prin care apăruseră toate vietățile, inclusiv noi. În anii de după expunerea selecției naturale, continuitatea vieții pe Pământ a devenit ideea dominantă, deși clasificarea și taxonomia rămân necesare: viața este un continuum, dar există granițe reale, nenegociabile între ființele vii. Clasificarea în cadrul speciei noastre era un domeniu în care și-a încercat mâna în 1870 și Thomas Huxley, prieten al lui Darwin și cel mai hotărât apărător al lui. Adera și el la conceptul linnaean despre „cele patru mari grupuri omenești" (din care fusese exclus „*monstrosus*"), dar intra în detalii mult mai amănunțite, identificând zeci de populații individuale și încercând să explice științific diferențele dintre ele. Folosea subdiviziuni de populații ale

---

în afară a gurii face nasul să pară scurt și mic, fruntea se înclină înspre spate, iar fața se aseamănă, de la depărtare, cu a unei maimuțe" (n.a.).

căror nume, din fericire, nu au intrat în uzul comun, de exemplu *Xanthocroi* pentru albii blonzi și *Melanochroi* pentru europenii cu pielea mai închisă la culoare dinspre Mediterana. Huxley folosea jargonul tehnic al unui om de știință victorian și se baza în mare măsură pe craniometrie, dar adopta și un limbaj de o imprecizie indescifrabilă: „Statura negrului este, în medie, mulțumitoare, iar trupul și membrele sunt bine făcute". Recunoștea, însă, și amestecarea dintre aceste populații, fapt demonstrat de genetică în secolul XXI.

Și tot așa au mers lucrurile. În secolul XX, influentul antropolog american Carlton Coon schița cinci clase de *Homo sapiens*: caucazoid, mongoloid (în care erau incluși toți indigenii Americilor și ai Asiei de Est), australoid (adică aborigenii australieni) și două tipuri de negroid – capoid și congoid (din sudul Africii, în zona Capului Bunei Speranțe, și din Congo). Știința contemporană a respins clasificările acestea, însă ele persistă categoric la unii membri din generațiile vârstnice, care mi-au vorbit despre ele în cursul prelegerilor.

Faptul că adepții raselor au eșuat în mod repetat să se pună de acord cu privire la numărul lor este o dovadă în plus a absurdității ideii. Nimeni nu a stabilit un număr fix de rase și nici caracteristicile lor esențiale, în afară de obișnuitele generalizări vagi despre culoarea pielii, textura părului și unele trăsături faciale. Ar fi greu de înțeles rațiunea, dovezile și motivația multitudinii de perspective pre-darwiniene asupra originilor omenirii.

„Căci cu timpul, antic bine / Necuviincios devine", scria poetul James Russell Lowell. Limbajele arhaice din scrierile antropologilor din secolele al XVIII-lea și al XIX-lea nu sunt întotdeauna clare în termenii științifici moderni – „rasă" și „specie" sunt folosite adesea interșanjabil; unele lucrări par mai preocupate de știință, ca ale lui Blumenbach, în timp ce altele, ca opiniile lui Kant și Voltaire, sunt de un rasism neechivoc și dăunător după standardele prezentului. Dar fiecare dintre ideile acestea trebuie privită prin prisma contextului cultural și a epocii în care au luat naștere. Toate aparțin unor bărbați europeni, expuși populațiilor lumii ca rezultat al extinderii rutelor comerciale, al colonizării și al expansiunii imperiilor, la care se alătura, în multe cazuri, cucerirea și înrobirea oamenilor întâlniți. Invenția conceptului de rasă a avut loc într-o epocă a explorărilor, exploatării și jafului, o eră în care tratarea semenilor din colonii drept diferiți și inferiori s-a extins până la crearea de grădini zoologice umane în toată regula.

În 1810, o femeie din populația khoikhoi pe nume Saartjie Baartman a fost adusă la Londra din Cape Town și expusă pe scenă la Piccadilly, uneori în lesă: „Venus hotentotă – Cel mai mare fenomen din inima Africii". Saartje (adică „mica Sara") era numele pe care i-l dăduseră olandezii – numele primit la naștere s-a pierdut. O parte din atracția Sarei venea, firește, din etnia ei, dar era prezentată la fel ca alte „curiozități vii" ale vremii, extreme de obezitate și emaciere, de înălțime și alte anormalități medicale – un bâlci al ciudaților, cum i-am spune azi.

După patru ani petrecuți la Londra și în turneu prin Marea Britanie, Baartman a fost vândută unui dresor francez și expusă la Palais Royal. Acolo a trăit efectiv ca o sclavă, examinată de diverși oameni de știință, printre care și George Cuvier. Un interes deosebit atrăgea o caracteristică obișnuită la populația khoisană, numită steatopigie: depozite de țesut adipos pe fesele și sânii lui Baartman și în anatomia labiilor, despre care se credea, deși niciodată expuse publicului, că erau relativ mai mari. Sara Baartman a murit la 26 de ani, în 1815, poate de variolă sau sifilis. Cuvier i-a făcut autopsia, dar nu pentru a determina cauza morții, ci pentru aprofundarea analizei unor trăsături anatomice fundamentale. Povestea aceasta sumbră despre exploatare și obiectificare literală este o parte esențială din ideile pe care și le dezvolta Cuvier despre rasismul sistemic, în cadrul cărora corpul acelei femei era presupus a fi tipic și standard pentru categoria numită de el etiopiană – o clasă umană separată prin comportament și istorie de alte rase inerent superioare.

În secolul al XIX-lea, opinia publică s-a îndepărtat treptat de poligenism. Teoria evoluției a lui Darwin se baza pe o vechime mai mare a omenirii și considera că Pământul era vechi de milioane de ani, nu de 6 000, conform standardului creaționist. Cu toate acestea, chiar și înspre sfârșitul secolului al XIX-lea, dezbaterile științifice despre începuturile omenirii contrastau ipoteza originii africane cu cea multiregională. Oare *Homo sapiens* evoluase în Africa și apoi se răspândise pe glob, sau un strămoș mai timpuriu al nostru plecase din Africa mult mai devreme, iar diferențele observate la populațiile contemporane evoluaseră pe linii genealogice distincte?

În secolul XX, disputa dintre monogenism și poligenism a trecut printr-o recapitulare interesantă, dar trebuie menționat că ipoteza multiregională nu era rasistă ca ideologie – era pur și simplu greșită. În anii 1990, cu o întreagă catacombă de fosile umane preistorice găsite în interiorul și în jurul Văii Marelui Rift, ipoteza originii africane era dovedită definitiv. Asta a bazat unul din modelele răspândirii lui *Homo sapiens* pe planetă pe originea africană a acestuia. În prezent, modelul este universal acceptat, deși încă vor mai ieși la iveală multe detalii.* După cum am menționat, cei mai vechi membri ai

* În iulie 2019 a fost descris un craniu de *Homo sapiens* găsit într-o peșteră din Grecia, originar de acum 210 000 de ani. Nu era prima dovadă de exoduri mai timpurii din Africa

speciei noastre (deși în formă mai arhaică) trăiau în Marocul de azi, nu în estul Africii, și toate dovezile susțin cu tărie o dispersie din Africa în urmă cu circa 70 000 de ani.

Preistoria îndepărtată a speciei noastre este de o importanță fundamentală din punctul de vedere al istoriei taxonomiei rasiale. La începutul secolului XX, științele antropologice începuseră să colaboreze cu noile tehnici biochimice, traiectorie care avea să-și găsească împlinirea sub forma geneticii, în secolul XXI. Biologia diferențelor era pe cale să coboare la nivel molecular și a început nu cu pielea, ci cu sângele.

Ideea că sângele e un vector al moștenirii trăsăturilor este veche. Vorbim de rude de sânge sau de sânge pur, dar ADN-ul și genele au devenit echivalente în descrierile colocviale ale acestei moșteniri. Sângele joacă un rol important și în studiile efectuate în secolul XXI asupra clasificărilor umane. Sistemul ABO a fost descris la începutul secolului XX. Grupele de sânge reflectă alele cu diferențe subtile ale genei *ABO*, primul caz în care s-a descris o astfel de diferență genetică. În 1919, Ludwik și Hanka Hirschfeld au analizat grupele de sânge a șaisprezece grupuri de soldați pentru a afla dacă variază în funcție de națiune (inclusiv etnia evreiască). Au observat că grupele A și B erau distribuite în lumea întreagă în grupuri localizate. Pe descoperirea aceasta și-au bazat cei doi teoria existenței a două rase istorice de oameni care apoi s-au amestecat, ceea ce ar fi explicat prezența grupelor sangvine similare la distanțe mari. De fapt, același sistem sangvin ABO îl au și gibonii, și maimuțele din Lumea Veche; este mai vechi decât primii hominizi. Dar frații Hirschfeld nu și-au putut ascunde preju-

ale speciei noastre, dar rămâne cea mai timpurie. Nu observăm o continuitate în prezent a acelor primi migratori, așadar presupunem că liniile lor genealogice s-au stins, poate înlocuite de ale neanderthalienilor (n.a.).

decățile în organizarea testelor: „Englezilor era suficient să le spunem că avem un obiectiv științific", scria Ludwik Hirschfeld în autobiografia lui.

> „Cu prietenii francezi ne-am permis să glumim, spunându-le că putem afla cu cine ar putea păcătui fără consecințe. Negrilor le-am spus că testele de sânge aveau să arate cine merită permisie și ne-au întins imediat, de bunăvoie, mâinile lor negre."

Studiul adesea citat asupra diversității genetice efectuat de Richard Lewontin testa și el concepte rasiale cu ajutorul sângelui. În lucrarea din 1972 „The Apportionment of Human Diversity" [Distribuția proporțională a diversității umane], Lewontin observa că vasta majoritate (85%) a diferențelor genetice apăreau *în cadrul* aceleiași rase în accepțiunea clasică, nu de la o rasă la alta. Doar 6% din diferențe segregau oamenii în funcție de rasă. Concluzia aceasta a fost pusă la îndoială iar și iar de la apariția studiului, dar rămâne corectă în linii mari. Principala provocare a fost exprimată formal drept „Eroarea lui Lewontin" în 2003, de către matematicianul Anthony Edwards, care a observat că, dacă agregăm mai multe arii de variație dintr-un genom, putem prezice totuși cu precizie populația din care vine un individ. Ambele rezultate sunt adevărate; depinde doar de detaliu și de rezoluție.

Cu timpul, pe măsură ce am învățat tot mai bine să citim genomuri și ne-am aplicat cunoștințele unui număr tot mai mare de mostre, am reușit să compunem imagini ale diferențelor dintre populații la o rezoluție tot mai mare. Unul din marile studii din secolul XXI asupra geneticii populațiilor umane a apărut în 2002, în zorii revoluției genomice. Examinând genomurile unui număr mare de oameni din lumea întreagă, aveam posibilitatea să plonjăm în profunzime și să ne întrebăm cât de asemănătoare erau. Tehnica aceasta se bazează pe capacitatea de a preleva mostre de litere individuale care diferă la persoane despre care presupunem că sunt reprezentative pentru o populație și apoi a cere unui program informatic să le grupeze, aproape ca și cum ar crea o hartă a asemănărilor. Noah Rosenberg și echipa lui au analizat 1 056 de oameni din 52 de regiuni geografice și au cercetat 377 de puncte din genom unde se știe că ADN-ul variază de la un individ la altul.* Prin metoda aceasta, computerului i se cere să adune variabilele într-un număr dat de grupuri. Dacă începem de la două, va identifica un grup de oameni drept africani și eurasiatici, iar celălalt drept est-asiatici, americani indigeni și australieni. Cu trei grupuri, Africa se evidențiază ca grup separat. Cu cinci, australienii indigeni devin un grup aparte, alături de africani, europeni (inclusiv vest-asiatici), est-asiatici și americani nativi.

Este un rezultat remarcabil de apropiat de taxonomiile rasiale clasice din era rasismului științific. Să însemne asta că oamenii aceia aveau, totuși, dreptate? Ei bine, nu. Acest tip de analiză prezintă asemănări generice între populații; reflectă masele de uscat geografice, care nu sunt piedici insurmontabile în calea reproducerii încrucișate, deși o îngreunează; mai reflectă și istoria evoluției și migrațiile. Datele au conturat de asemenea zone mixte lungi și clare între grupuri, ceea ce arată că nu există mod neambiguu de a determina unde se termină unul și unde începe altul. Nu demonstrează limite precis

* Punctele din studiul respectiv se numesc microsateliți și sunt segmente scurte de ADN care se repetă ca un disc zgâriat. Diferența stă în *numărul* de repetiții de la o persoană la alta (n.a.).

definite între structurile de populație, ci o continuitate. Motivul, după cum sugerase Johann Gottfried von Herder, este că variația umană nu cedează în fața unei taxonomii artificiale impuse, ci reflectă istoria.

Rasiștii fac apel de multe ori la lucrarea lui Rosenberg pentru a susține, în mod greșit, că există în mod real cinci rase distincte genetic. Studiul respectiv nu spune nimic de acest fel, ceea ce reiese în mod evident din date: dacă cerem computerului doar două grupuri, Africa, Europa și vestul Asiei sunt comasate într-unul, iar restul lumii în celălalt. Nu există niciun motiv aprioric să luăm numărul cinci drept mod definitiv de clasificare a ființelor umane, iar a decide să-l folosim pentru că se potrivește cu o clasificare mai veche și deja demontată nu face decât să dea greutate unor prejudecăți preexistente. Când creștem numărul de grupuri la șase, noua categorie distinctă este kalasha. E vorba de un trib din nordul Pakistanului, cu circa 4 000 de membri, care se căsătoresc aproape exclusiv în cadrul propriei populații etnice, relativ ascunsă și izolată în munții Hindukush. Grupul acesta este oarecum diferit genetic, dar nici cel mai hotărât rasist nu îi descrie pe kalasha drept a șasea rasă umană.

Să nu uităm că toate studiile acestea se bazează pe analize statistice complexe ale unor seturi de date tot mai voluminoase și că lucrează cu genotipul, nu cu fenotipul. Cu alte cuvinte, chiar dacă deosebirile și asemănările din ADN sunt criterii utile pentru estimarea populațiilor de la care s-au luat mostrele, ele nu se corelează neapărat cu categoriile tradiționale de rasă determinate în primul rând de pigmentare. Tipul acesta de analiză este absolut valid și stă la baza studiului istoriei umane, al migrațiilor umane și al variațiilor genetice dintre populații și popoare. Am putea spori numărul de grupuri oricât, identificând asemănări și suprapuneri tot mai precise. În 2015, când s-a aplicat o cartografiere genetică la rezoluție și mai mare unor subiecți din Marea Britanie, s-a observat o diferență între familiile care trăiau în Devon de mai multe generații și familiile din Cornwall, iar când deosebirile acestea precise au fost reprezentate pe o hartă, s-a văzut că erau despărțite de fluviul Tamar, care reprezintă de secole granița dintre cele două comitate. În 2019, când s-a folosit aceeași tehnică în Peninsula Iberică, asemănările s-au dispus geografic în dungi verticale, ceea ce arată că, istoric, populația spaniolă prezintă asemănări minore, dar măsurabile, mai degrabă pe axa nord-sud decât pe cea est-vest. Înseamnă asta că spaniolii sunt diferiți din punct de vedere funcțional? Bineînțeles că nu, doar că ne-am îmbunătățit atât de mult capacitatea de a identifica istoricul genetic al populațiilor, încât detectăm chiar și urmele acestea vagi, străvezii, de asemănări și deosebiri. Până la urmă, am putea grupa toți oamenii în șapte miliarde de categorii individuale, pentru că fiecare genom uman este unic.

Oamenii suferă în mod universal de un sindrom pe care Richard Dawkins l-a numit „tirania minții discontinue". Ne dorim cu ardoare să clasificăm lucrurile și nu reușim să recunoaștem continuitatea. Ne dăm peste cap să punem lucrurile în cutiuțe bine separate și să definim lucrurile după ceea ce *sunt*, mai degrabă decât după ceea ce *fac*. Problema se manifestă și în știință, unde se reflectă în clasificarea linneană de care se agață biologii. Linnaeus căuta un sistem care să reflecte forme platonice, inviolabile, ale creaturilor (și ale rocilor: categorisirea lui ne-a dat cele trei regnuri, animal, vegetal și mineral, care, deși utile pentru jocuri de cultură generală cu copiii la drum lung cu mașina, nu sunt o metodă prea bună de clasificare a ființelor vii). Gândirea contemporană din era expansiunii colonialiste și, mai târziu, din timpul Iluminismului spunea, în principal, că povestea omului e definită de creația biblică, iar împărțirea popoarelor lumii este derivată din modele care reflectă o origine unică, sau o degenerare de la forma aceea făcută după chipul și asemănarea lui Dumnezeu. Monogeniștii recunoșteau o formă timpurie de adaptare regională, iar conceptul de evoluție plutea în aer, dar de-abia odată cu popularizarea mecanismului de selecție naturală al lui Darwin în 1859, aplicat mai târziu la om prin *Descendența omului*, apărută în 1871, s-au putut explica istoriile naturale ale ființelor umane. În era genomică, datele noastre vor reflecta în continuare nu o clasificare diferită, ci povestea imens de complexă a vieții omenești pe Pământ de-a lungul a sute de mii de ani de preistorie și câteva mii de ani de istorie.

Acum știm că perspectiva istorică monogenistă era corectă în principiu, dar greșită în toate detaliile ei. *Homo sapiens* este o creatură cu originea în Africa. În decursul ultimilor 210 000 de ani, au avut loc migrații din Africa spre Eurasia, care s-au stins treptat – oameni care nu au lăsat nicio moștenire genetică în semenii lor care trăiesc în prezent, din câte ne putem da seama.* Marea emigrare din adevărata patrie-mamă s-a petrecut acum circa 70 000 de ani, iar membrii ei, poate doar câteva mii, aveau să formeze populația din care se trage în mod predominant restul lumii. Dovezile reies clar din oasele strămoșilor noștri și din genomurile oamenilor vii.

---

* Uneori, rasiștii folosesc faptul că s-au descoperit migrații mai vechi din Africa ca pe o dovadă că europenii sunt o ramură a africanilor atât de îndepărtată, încât cele două sunt, efectiv, specii diferite. O spun aproape cu durere: argumentul este de-a dreptul imbecil. Nu observăm niciun semn al existenței unor descendenți genetici în prezent din exodurile mai timpurii din Africa și nici măcar vreo permanență a lui *Homo sapiens* în Europa până la sosirea valului din ultimii 50 000 de ani. Raționamentul acesta este atât de lipsit de logică sau de susținere faptică, încât nici greșit nu poate fi numit; mă face să-mi doresc ca rasiștii să fi avut argumente mai solide (n.a.).

Dar să subliniem cât de dezordonat și de îndepărtat în timp este subiectul nostru. Plecarea din Africa nu a fost un „eveniment" în sensul propriu-zis al cuvântului și nici o migrație în termeni moderni. Vorbim de o deplasare de-a lungul a mii, dacă nu zeci de mii de ani, ba mai mult, avem probe genetice demonstrând și o migrație înapoi, produsă în ultimele câteva mii de ani. Așadar, dacă o populație s-a stabilit într-o zonă până atunci nelocuită, asta nu înseamnă că în urma ei s-a închis o poartă. Oamenii aceia nu porneau să cucerească o țară a făgăduinței, ci doar rătăceau de-a lungul a câteva generații, în medie, îndepărtându-se de continentul african.

Iată, deci, baza de la care pornim: toți oamenii au în comun aproape tot ADN-ul, lucru care ne trădează originea africană recentă. Diferențele genetice dintre noi, deși mici, explică o mare parte din variațiile fizice pe care le observăm sau pe care le putem măsura, dar nu pe toate. Diaspora venită din Africa în urmă cu aproximativ 70 000 de ani și migrația și amestecarea continuă de atunci până acum sunt motivele pentru care observăm o structură în genomurile noastre, una care stă la baza biologiei noastre elementare. În sens foarte larg, structura aceasta corespunde maselor de uscat, dar în cadrul acestor grupuri se manifestă variații enorme, iar în interiorul și la periferia lor – un continuum al variațiilor. De-a lungul secolelor s-au făcut atâtea încercări de a împărți oamenii în rase distincte, dar nu a reușit niciuna. Genetica refuză să se supună categoriilor acestora artificiale și superficiale. Culoarea pielii, deși cea mai săritoare în ochi diferență dintre oameni, este un indicator foarte infidel al cantității totale de asemănări sau deosebiri dintre indivizi și populații. Diferențele rasiale sunt, literalmente, de suprafață – mai precis, la suprafața pielii.

Trăim în era ADN-ului antic, în care putem extrage genomuri fragmentate ale unor creaturi de mult dispărute din dinții, oasele și chiar pământul unde au murit. Prima știre de senzație din această nouă lume veche a fost reîncarnarea lui *Homo neanderthalensis* – omul de Neanderthal – în 2009, când s-a recompus genomul parțial al unui bărbat mort într-o peșteră în urmă cu 50 000 de ani. De atunci au fost reasamblate ca niște puzzle-uri zeci de alte genomuri de oameni morți sau complet dispăruți din moștenirea genetică, care au transformat radical povestea evoluției umane. S-au identificat tipuri noi de oameni pe baza ADN-ului prelevat din oase care, de unele singure, nu ar fi fost suficiente pentru clasificare. Acum putem recupera bucată cu bucată povești din trecutul nostru comun care altfel s-ar fi pierdut în negura timpului.

De multe ori, geneticienii care pun astfel de întrebări despre strămoșii omenirii se concentrează mai mult asupra schimbărilor secvenței înseși a ADN-ului în timp și spațiu și mai puțin asupra fenotipului căruia i-ar fi dat naștere acel genotip – ca și cum am studia o partitură fără să ne întrebăm cum suna. Dar e interesant să ne gândim cum erau oamenii aceia străvechi. Aici ne confruntăm cu problema curentă a geneticii umane: nu-i deloc ușor să extrapolezi fenotipul din genotip. După cum am mai menționat, un om poate avea două exemplare din gena care, credeam noi, asigură părul roșcat, dar majoritatea celor cu genotipul respectiv au plete de altă culoare. Pășim pe teren mai solid când vine vorba de lucrurile legate de regimul alimentar; de exemplu, genele legate de o alimentație bogată în grăsimi tind să apară cu frecvență mai mare la oamenii care mănâncă mult pește sau fructe de mare, cum sunt inuiții, și observăm că acele trăsături au fost selectate în evoluție ca adaptări locale. Observăm genele care ne permit să bem lapte la maturitate în rândul europenilor albi și în câteva grupuri de populații pastorale risipite prin lume.

Avem însă un mod de a gândi foarte vizual, așa că ne dorim cu toții să știm cum arătau oamenii pe vremuri. Oasele vechi ne dau multe informații; după o reconstruire atentă, putem deduce trăsături simple, ca înălțimea și statura, ba chiar și caracteristici fizice mai subtile, de exemplu dacă erau dreptaci sau stângaci, pe baza oaselor îngroșate de folosirea mai frecventă și de semnele unei musculaturi mai masive pe ele. Neanderthalienii erau robuști, cu pieptul masiv și musculoși. Unii cercetători consideră că forma aceasta fizică îi făcea mai apți pentru alergare rapidă și vânătoarea prin ambuscadă. Ipoteza se potrivește cu o viață trăită în zone împădurite, unde puneau capcane sau implântau sulițe în mamuți, oi sălbatice sau mistreți. Într-adevăr, genetica pare să le confirme imaginea – unele studii sugerează că aveau mai multe versiuni ale genelor pe care le asociem în prezent cu energia explozivă, în detrimentul rezistenței (deși, după cum vom vedea în partea a treia a cărții, este foarte controversată importanța genelor respective pentru performanța atletică). Experții nu cad de acord nici asupra valorii și preciziei reconstrucțiilor faciale, contestând adesea asemănarea lor cu omul așa cum arăta în viață. Din câte știu, nu s-a făcut niciun test în acest sens – o reconstrucție a unei persoane vii pe baza unei imagini scanate a craniului.

Când vine vorba de pigmentare, intrăm în ape și mai tulburi. Există foarte multe gene cu rol în culoarea ochilor, așa că dacă cineva vrea să știe cum arătau ochii unui om mort de mult, îi putem oferi probabilități, nu răspunsuri: raportul pe care l-am primit eu de la compania 23andMe, o firmă care analizează contra cost ADN-ul clienților, îmi spune că 31% dintre oamenii cu aceeași versiune a genei *OCA2* ca mine au ochii căprui închis, ceea ce înseamnă că 69% au altă culoare a ochilor, și că 13% au ochii albaștri sau verzi. Ochii mei sunt căprui închis – știu asta pentru că am oglindă acasă; dacă m-ar dezgropa extratereștrii peste 50 000 de ani și mi-ar extrage ADN-ul, pe baza cunoștințelor actuale, ce șanse ar avea să deducă ce culoare au avut ochii mei?

Cu pielea e și mai greu. Pigmentarea nu este o trăsătură binară, deși noi folosim termeni binari, ca alb și negru. Descoperim tot mai des că genele joacă roluri multiple și interacționează în multe feluri cu alte gene, pe căi metabolice complexe. Perspectiva antropologică tradițională este că oamenii din Africa dinaintea marelui exod aveau pielea închisă la culoare ca adaptare la soarele fierbinte. Culorile mai deschise au evoluat, probabil, ca reacție la latitudinile mai reci și mai înnorate, așa cum explicam mai înainte. Opinia genetică tradițională spune că un număr nu prea mare de gene (poate cincisprezece) explică majoritatea diferențelor de pigmentare pe care le observăm, ceea ce sugerează o arhitectură genetică relativ necomplicată. Dar unele observații contrazic deducția. O ciudățenie a genelor care influențează pigmentația este că, dacă la latitudini diferite observăm influența selecției naturale în varietatea enormă de culori, ele nu explică diferențele de pigmentație pe care le observăm la aceeași latitudine. Pur și simplu nu este adevărat că toți oamenii care trăiesc la Ecuator au pielea la fel de închisă la culoare. Cum nu este adevărat nici că inuiții, iñupiații, rușii, finlandezii, islandezii și toată lumea care trăiește la paralela 66° latitudine nordică au tonuri ale pielii identice. În mod evident și semnificativ, sunt la mijloc și alți factori, pe lângă pigmentarea ca reacție la razele solare.

Observăm efectul unor anume alele ale genelor precum *SLC24A5* și *OCA2* (plus alte câteva) în deschiderea culorii pielii la populații europene și asiatice, iar adaptările acestea importante ne-au dominat gândirea în legătură cu evoluția pigmentației. Dar, ca și în atâtea alte domenii ale științei, până nu demult am ignorat aproape complet continentul african. Africa adăpostește mai multă diversitate genetică decât tot restul lumii. Cu alte cuvinte, există mult mai multe diferențe genetice între un african și alt african decât între un african și oricine altcineva din lume – doi boșimani din triburi diferite din sudul Africii se vor deosebi între ei genetic mai mult decât un britanic, un srilankan și un maori. Mai mult, Africa are mai multă diversitate de pigmentare decât restul lumii. Cercetătorii au început să studieze genetica pielii africane de-abia în ultimii câțiva ani, lucru oarecum ironic dacă ne gândim că cinci secole de rasism s-au bazat aproape exclusiv pe ea.

Imaginea care începe să se contureze chiar ne zguduie lumea din temelii. În 2017, geneticianul Sarah Tishkoff a condus o echipă care a prelevat mostre de ADN de la peste 1 500 de persoane din Botswana, Etiopia și Tanzania și le-a măsurat, de asemenea, cantitatea de melanină din pielea antebrațului. Comparând datele, echipa putea asocia diferențele genetice cu nuanțele de piele. Mutația cea mai comună a fost cea din gena *SLC24A5*. Este o mutație puternic asociată cu pielea de culoare deschisă, dar a fost descoperită cu frecvență mare la participanții etiopieni și tanzanieni. Evident, la ei nu are efectul de a le face pielea mai palidă, dar pare să fi revenit în Africa din Eurasia, unde acum este foarte frecventă, în ultimele câteva mii de ani. Studiul a relevat și alte mutații ale unor gene cunoscute, iar zone necercetate ale genomului au ieșit la iveală cu ocazia asta, unele asociate cu pielea de culoare mai deschisă, altele cu cea mai închisă. Faptul reflectă complexitatea enormă a geneticii din spatele pigmentației, dar mai interesant este că toate aceste mutații par să fi fost prezente în trecutul nostru genetic de sute de mii de ani, adică dinainte de evoluția lui *Homo sapiens*. Rapperul Tupac spunea într-un cântec că pielea mai închisă e semn al rădăcinilor mai adânci. Din păcate, nu este adevărat. Acum știm că ideea că toți oamenii au fost negri înainte să se diversifice odată cu răspândirea pe glob este incorectă. Nu numai că aveam culori diverse ale pielii cu mult înainte să plecăm din Africa, dar le aveam și înainte să fim specia care suntem azi.

Un alt studiu contemporan al complexității pigmentației și al istoriilor grupurilor umane a apărut spre sfârșitul lui 2018. Populațiile khoisane au o piele vizibil mai palidă decât multe altele din sudul Africii. Sunt foarte diferite atât genetic, cât și ca nuanță a pielii, ceea ce poate reflecta un grad de relativă separare culturală de-a lungul a mii de ani. Dar nicio populație nu este complet izolată sau statică. Informațiile genomice pe care le avem despre Africa sunt mai puțin detaliate decât cele despre alte părți ale globului, dar știm că strămoșii khoisani au primit un influx de gene noi în ultimele câteva mii de ani. Unele au venit de la populații pastorale, poate din Etiopia sau din estul apropiat al continentului, în urmă cu 2 000 de ani, prin expansiunea culturii vorbitoare de bantu în Evul Mediu, și în era modernă prin intermediul olandezilor din nucleele comerciale de la Capul Bunei Speranțe. Geneticianul Brenna Henn lucrează în strânsă colaborare cu populația khoisană de mulți ani și a stabilit că nuanța mai deschisă a pielii lor este asociată cu gena *SLC24A5*. Cea mai des întâlnită versiune la khoisani este aceeași ca a europenilor, iar studiile lui Henn arată că a fost introdusă prin migrație *către* Africa în ultimii 2 000 de ani.

Faptul că a ajuns atât de răspândită în această populație atât de repede este o dovadă solidă a selecției intense pentru piele de culoare mai deschisă, ceea ce demonstrează atât diversitatea tonurilor pielii pe continentul african, cât și amestecul recent între populațiile revenite în Africa în ultimele câteva milenii.

Pigmentația este un lucru complex. Nu este neobișnuit de complicată în comparație cu alte trăsături umane, dar e vizibilă și importantă. Nu vreau să dau impresia că înțelegem imaginea detaliată din spatele culorii pielii, ci să arăt că impresia noastră de până acum a fost dezastruos de simplistă. Ne interesează, pe bună dreptate, cum, când și de ce s-au schimbat culorile pielii de-a lungul timpului, iar studiile unor pionieri precum Sarah Tishkoff, Nina Jablonski și Brenna Henn ne ajută să explorăm unele lacune adânci în cunoaștere, nu în ultimul rând prin interacțiuni cu populațiile africane care până acum ne-au lipsit.

Mai mult, în prezent avem acces la ADN-ul celor morți de mult și putem încerca să recompunem puzzle-uri despre caracteristici rasializate din trecut. Desigur, este mult mai greu decât lucrul cu oameni vii, din două motive. Primul, pe care l-am mai menționat, este că niciodată nu este ușor să stabilim fenotipul pornind de la genotip: nu putem măsura nuanța pielii unui bărbat sau a unei femei și să o comparăm cu ADN-ul, care este singurul lucru rămas din ei. Al doilea motiv este raritatea probelor. Genetica este o știință comparativă, care a căpătat curaj odată cu studierea genomurilor a tot mai mulți oameni. Un singur genom conține o cantitate enormă de informații; dar două conțin și mai multe, iar de la o mie încolo lucrurile devin serioase.

Dar asta este situația. Lucrăm cu ce avem, iar întrebările despre fenotipurile cele mai evidente la strămoșii noștri din preistorie sunt importante, chiar dacă nu sunt reprezentative pentru nicio categorisire rasială sau istorică ipotetică. În 2016, ADN-ul unui britanic din Antichitate a fost secvențiat și prezentat lumii sub forma unui bust. Un bust cu cap și umeri, care reprezenta un bărbat cu expresia prietenoasă, pielea foarte închisă la culoare, părul negru foarte cârlionțat și ochii albaștri. Este o imagine izbitoare a britanicului cu mult înainte să se atingă de coastele insulei picții, romanii, vikingii, anglii sau saxonii. Studiul din spatele modelului era mult mai circumspect și descria pigmentația bărbatului cu reținerea științifică de așteptat: „Se poate deduce că omul de Cheddar avea pielea închisă la culoare sau închisă spre negru, ochii albaștri/verzi și părul castaniu închis, posibil negru". Dovezile din ADN arătaseră că îi lipseau alelele legate de pigmentație pe care le asociem cu pielea deschisă la culoare. În reconstrucție, are o culoare foarte închisă, asemănătoare cu a unui sudanez sau a unui srilankez. Când au apărut în mass-media imaginile cu el, rasiștii din lumea întreagă au luat-o complet razna, împroșcând venin în stânga și-n dreapta. Faptul că existau în Europa oameni cu pielea închisă la culoare în urmă cu 10 000 de ani nu este deloc ceva controversat, așa că obiecțiile cu privire la simpla prezență a unui asemenea om de Cheddar în Britania nu sunt semnificative: diversitatea de pigmentație în Europa este un fapt real al preistoriei. Dar culoarea atât de închisă a pielii a fost o alegere a artistului, iar unii geneticieni au fost nemulțumiți.

Pe baza mai multor gene legate de pigmentare, considerăm că neanderthalienii aveau pielea destul de deschisă la culoare, ca și strămoșii comuni ai lui *Homo neanderthalensis* și *Homo sapiens* de acum o jumătate de milion de ani sau mai mult. Unele din genomurile neanderthaliene indică faptul că aveau o versiune de *MC1R* diferită de oricare alta întâlnită la oamenii din prezent. Presa a început să speculeze că oamenii de Neanderthal aveau părul roșcat – în muzee din lumea întreagă veți vedea manechine mai mult sau mai puțin roșcate reprezentându-i. Mutațiile acestea de *MC1R* nu au mai fost întâlnite nicăieri, iar încercările biochimice de a le determina să producă pigmentul propriu-zis într-un vas de cultură au dat rezultate neconcludente. Pigmentația pe care o vedem la reconstituirile oamenilor de Neanderthal pe ecrane și în muzee este speculativă.

Adevărul este că e foarte greu de determinat. Pigmentația se schimbă de-a lungul vieții, intrinsec (bebelușii nu au aceeași culoare ca adulții care vor deveni) și extrinsec (prin expunerea la soare). Anumite mutații genetice predispun copiii la o schimbare a pigmentației mai târziu în viață. Înțeleg că lumea simte nevoia să știe cum arătau strămoșii noștri; este important să umanizăm oamenii preistorici, mai ales pe neanderthalieni, care nu erau nici pe departe brutele din descrierile obișnuite până acum, ci ființe complexe, cu o cultură și o artă, aproape la fel ca noi în termeni de modernitate comportamentală. Așa ajungem la primul aspect: culoarea pielii.

Trebuie să fim prudenți. Brenna Henn avertiza, la o întâlnire a geneticienilor și antropologilor din 2017, „nu mai spuneți că puteți deduce culoarea pielii din ADN preistoric; nu puteți". Mesajul este pertinent pentru oamenii de știință care încearcă să determine aspectul strămoșilor noștri din trecutul îndepărtat, dar cu atât mai semnificativ când se folosesc probe ADN pentru a determina culoarea pielii infractorilor. Cele mai noi metode științifice, aplicate pe gene din cele mai mari probe prelevate de la persoanele cele mai variate, evidențiază faptul că ADN-ul este un factor predictiv amețitor de imprevizibil pentru culoarea pielii.

Ce începem să observăm este că istoria noastră evoluționară îndepărtată a fost mult mai puțin liniară și a prezentat mult mai multe cotituri și variațiuni decât credeam până acum. Așa cum se întâmplă mereu în biologie, încercările noastre de a impune poveștii umane un fir narativ simplu și comprehensibil sunt dejucate de dezordinea, zgomotul și dezorganizarea inerente evoluției noastre, împreună cu scara temporală și tiparele de migrație aproape inimaginabile. Acum știm că pigmentația este un spectru divers și că așa stau lucrurile de sute de mii de ani.

Ce mai putem spune, înarmați cu arsenalul științific actual, este că, deși culoarea pielii este primul și cel mai evident lucru pe care îl observăm, este o cale superficială de a înțelege diversitatea umană și o metodă foarte proastă de a clasifica oamenii. Perspectiva noastră asupra realității, limitată în mod atât de profund, a fost cooptată într-o minciună politică intenționată. Spunem „negru" când de fapt vrem să spunem „descendent recent al unui continent cu mai multă diversitate genetică și pigmentară decât orice alt loc de pe Pământ".

Ceea ce vedem cu ochii noștri este o frântură măruntă din om. Tindem să ne gândim la evoluție prin prisma metaforei copacului, cu trunchi și crengi care se bifurcă în ramuri unice, numărabile, până când ajungem la crenguța omenirii. Dar puterea explicativă a copacului când vine vorba de a înțelege arii enorme ale comportamentului uman și ale traiectoriei noastre evoluționare este foarte limitată. Nu putem compara evoluția omului cu un copac decât dacă ne referim la copacii cultivați de noi: *tunși* pentru a încuraja dezvoltarea; *conduși pe spaliere* – convinși să crească pe alte căi de migrație; și *altoiți* – obligați să se împletească cu alte ramuri. Poate nu este evident că suntem produsul nu al unui copac, ci al unei mase încâlcite. Dar de aceea am inventat știința: ca să ne eliberăm de cătușele percepției, ca să vedem lucrurile (și oamenii) așa cum sunt de fapt.

1

PARTEA A DOUA

Strămoșii tăi sunt și strămoșii mei

2

Familia și strămoșii ne leagă de trecut. Rudele apropiate ne dau contextul vieții pe care o trăim: naștere, căsătorie, moarte sau orice versiune a acestei traiectorii. Ai în comun jumătate din ADN cu fiecare părinte și câte o jumătate diferită cu fiecare frate sau soră (cu excepția cazului în care ești geamăn identic, caz în care proporția se apropie de 100%). Cifrele acestea explică în mare măsură de ce semeni mai mult cu familia decât cu niște străini oarecare și chiar și de ce te comporți asemănător (restul fiind explicat de mediul comun).

Arborele tău genealogic e reprezentat ca un nodul infinitezimal pe arborele global al tuturor formelor de viață, deși întortocheat și deloc asemănător cu un copac. Evoluția mai poate fi considerată și o lungă listă cu părinți, copii și diferențele dintre ei prin oceanul timpului. Între aceste două niveluri ale scării se află genealogia.

Apartenența ancestrală și genealogia ne fascinează pe toți, dar mai ales pe rasiști: genealogia este, se pare, al doilea hobby ca popularitate în Marea Britanie (după grădinărit) și primul în SUA. Multe din argumentele avansate de rasiști se bazează pe apartenența la o demografie anume, pe tratarea unor grupuri drept diferite și inferioare, și pe strămutarea oamenilor. Mulți non-rasiști sunt preocupați și ei de imigrația din era modernă, dar puțini își exprimă teama că un popor ar ajunge să fie înlocuit sau că o cultură ar fi cumva slăbită. Niciodată nu este clar ce anume este amenințat când, de exemplu, adepții supremației albilor își exprimă teama de un declin al culturii occidentale. Eu unul nu știu ce este cultura occidentală, dar îmi este foarte clar că, până una-alta, cultura mea nu este aceeași ca a vecinilor de pe strada mea sau a oamenilor din același cartier, oraș, țară sau continent.

Cu toate acestea, sfârșitul închipuit al acestui concept vag definit de cultură occidentală este o permanentă sursă de îngrijorare pentru adepții supremației albilor. Au fantezii despre o persecuție a poporului lor, care va duce la dispariția lui completă sau la pierderea drepturilor, petrecută odată cu transferul respectivelor drepturi către niște oameni cu altă moștenire. Când nu ai fost niciodată altfel decât privilegiat, egalitatea ți se pare oprimare. Adepții supremației albilor care au ieșit la proteste în Charlottesville, Virginia, în 2017 au simțit nevoia să poarte torțe tiki (tehnologie polineziană) în timp ce scandau „Nu ne iau locul evreii!" A doua zi, în timpul agitației civile și violențelor dintre diferite facțiuni de protestatari rasiști și anti-rasiști, Heather Heyer, care avea 32 de ani, a fost omorâtă de un adept al supremației albilor. Ucigașul ei este acum la închisoare, cu o sentință de 400 de ani.

Logica din spatele argumentelor despre cine are dreptul să trăiască într-o regiune geografică sau alta de multe ori lipsește sau e cel puțin anistorică, pentru că nicio populație nu rămâne statică pe perioade lungi și nicio putere, cultură sau națiune nu a fost vreodată permanentă, nici măcar pe departe. Cu toate acestea, senzația noastră de apartenență la o familie și o ascendență anume este puternică, deși dureros de limitată. Pentru majoritatea oamenilor, cu excepția celor de sânge regal, arborele genealogic se pierde după câteva generații. Trecutul e încețoșat de lipsa însemnărilor, de mit și de tradiție.

Dar lucrul care ne distorsionează percepția asupra propriei ascendențe mai mult decât orice este faptul că nu recunoaștem un fapt simplu al biologiei: toți oamenii au doi părinți. Când privim în sus la propria genealogie, reușim să identificăm, în cel mai bun caz, o linie, două sau câteva în trecut. Din fiecare ramificație a fiecărui arbore genealogic, o alegem pe cea care dă roade sau ne oprim. Ne concentrăm pe persoanele notabile, celebre sau infame din frunzișul nostru genealogic, din motivul ușor de înțeles: majoritatea oamenilor trec prin istorie ca umbrele sau praful, după vieți normale care nu lasă aproape nicio urmă, așa că orice caz cunoscut sau faimos merită scos în evidență. Dar făcând asta, ne ignorăm majoritatea strămoșilor, ale căror vieți s-au șters din istorie.

Dacă e vorba despre arborele meu genealogic, nu avem nicio informație despre partea indiană, pentru că actele s-au pierdut după ce strămoșii mei au ajuns în Guyana în servitudine. Din partea tatei, am reușit să urmărim o linie genealogică până la o stră-stră-stră-stră-străbunică a mea, pe nume Mary Huntley. Certificatul ei de căsătorie spune că s-a măritat cu Benjamin Handy în 1818, în Covent Garden, la Londra. El era unicul proprietar al Circului Ambulant Handy și autodeclarat „Cel mai priceput călăreț de pe pământ", iar pe Mary certificatul o descrie drept „sălbatică". Era fiica lui Neil Huntley din tribul Catawba, care se mutase din America de Nord ca să se alăture circului cu talentul lui în șa. Firește, e o poveste fabuloasă și a fost o surpriză minunată să descopăr în propria familie un american nativ și om al spectacolului. Cu toate acestea, Mary a fost doar una din cele 64 de femei cărora le sunt îndatorat în mod egal pe același palier al arborelui meu genealogic. Poveștile celorlalte 63 s-au pierdut în timp.

În studiul geneticii, presupunem că o generație durează între 25 și 30 de ani și, cu fiecare generație cu care ne îndepărtăm în timp, numărul de strămoși se dublează. Altfel spus, de-a lungul a 500 de ani, ai 1 048 576 de strămoși. Dacă mergem până la 1 000 de ani, ai 1 099 511 627 776 de strămoși – adică peste un trilion, sau de vreo zece ori mai mulți oameni decât au existat vreodată.* Aparentul paradox ne arată cât de greșit ne gândim la propria ascendență. Numărul de strămoși ai fiecăruia dintre noi crește pe măsură ce avansăm în trecut, dar numărul de oameni în viață în prezent este mai mare decât a fost vreodată în istorie.

Ambele afirmații trebuie să fie adevărate, deși par contradictorii. Dar răspunsul la enigmă este evident: arborii noștri genealogici se împletesc și se pliază unii peste alții cu atât mai mult cu cât ne îndepărtăm de prezent. Sigur, ai un trilion de *poziții* în arborele familial, dar cu cât urci mai mult prin el, cu atât mai des vor fi ocupate aceste poziții de aceiași indivizi, iar și iar. În cazul meu, se prea poate ca, deși pe palierul lui Mary Huntley erau 64 de poziții ancestrale, acestea să fi fost ocupate de mai puțin de 64 de femei. Arborii genealogici se împletesc cu o viteză surprinzătoare. Ultimii strămoși comuni ai tuturor oamenilor cu origini europene de durată au trăit în urmă cu doar 600 de ani, ceea ce înseamnă că dacă am reuși să alcătuim arbori genealogici perfect compleți pentru toți europenii, cel

---

* Cele mai precise estimări sunt că au existat în jur de 107 miliarde de membri ai speciei noastre, plus/minus un miliard. Asta anulează mitul conform căruia sunt mai mulți oameni în viață azi decât au trăit vreodată. Sunt mai mulți oameni în viață azi decât în oricare altă zi din istorie. Dar ideea că cei mai rapizi îi depășesc pe cei morți e greșită cam cu o armată de 100 de miliarde de cadavre (n.a.).

puțin o ramură din fiecare ar trece prin aceeași unică persoană care a trăit pe la 1400 d.Hr. Persoana aceasta ar figura în toți arborii noștri familiali, împreună cu propriii strămoși. Faptul că mai multe poziții sunt ocupate de aceiași oameni indică faptul că, din nou, analogia cu arborele nu este cea mai potrivită metaforă pentru genealogie: copacii se ramifică, dar arborii genealogici conțin și bucle. Pedigriul tău pornește din tine ca un copac, dar mai devreme sau mai târziu două ramuri se vor întâlni sub forma unei persoane din care te tragi de două ori. Oamenii aceștia marchează buclele genealogice.

Lumea face mare caz de identificarea celebrităților din propriul tufiș familial încâlcit, cu atât mai mult când celebritățile respective sunt de sânge regal. În 2016, la emisiunea TV populară *Who Do You Think You Are?* [*Cine te crezi?*], actorul britanic Danny Dyer a descoperit că se trăgea, la distanță de 22 de generații, direct din regele britanic din secolul al XIV-lea Edward al III-lea. Ce-i drept, puțini dintre noi pot stabili așa ceva cu documente genealogice, de exemplu certificate de naștere, deces și căsătorie, dar conform calculelor mele* șansele ca orice per-

* Pentru a calcula dacă cineva născut în anii 1970 se trage din Edward al III-lea, am numărat câți descendenți a avut regele (până când numărul a devenit incert) și am estimat numărul de strămoși pe care i-ar fi avut în același moment din istorie o persoană născută în anii 1970. De aici, întrebarea devine „Care este probabilitatea ca oricare dintre strămoșii tăi la momentul respectiv să fi făcut parte din proporția de populație care era descendentă directă a lui Edward al III-lea?" Regele a murit în 1377, lăsând în urmă treisprezece copii, dintre care șase au avut la rândul lor copii. I-am numărat, în total, 321 de stră-strănepoți; de acolo înainte, arborele genealogic devine cam imprecis, dar dacă facem estimarea conservatoare că fiecare dintre ei a avut, în medie, doi copii, rezultatul este că, în 1600, Edward ar fi avut în total aproximativ 20 544 de descendenți - un număr mare, dar câtuși de puțin imposibil. Pe atunci, britanicii erau în jur de 4,2 milioane, ceea ce înseamnă că circa 1 din 210 oameni se trăgea direct din Edward - aproximativ 0,5% din populație. Între 1600 și 1975 au mai existat, cu aproximație, cincisprezece generații, iar numărul de strămoși se dublează cu fiecare generație, ceea ce înseamnă că un individ născut în 1975 trebuie să aibă un maxim de 32 768 de strămoși în 1600 (presupunând că rudele nu s-au căsătorit niciodată între ele, lucru foarte improbabil, dar care produce o diferență numerică neglijabilă în calcul). Așadar, fiecare dintre cei 32 768 de strămoși ai omului respectiv din anul 1600 are o probabilitate

soană cu ascendență britanică de durată să se tragă în același fel din Edward al III-lea sunt efectiv de 100%. I se aplică și lui Danny Dyer, și majorității populației britanice.

Dcă ne mai îndepărtăm câteva secole, ajungem la o certitudine matematică numită *punct de confluență genetic*. Este momentul din istorie în care toată populația este strămoașa întregii populații contemporane din ziua de azi. Pentru europeni, punctul acesta se află în secolul al X-lea. Cu alte cuvinte, oricare individ care a trăit în Europa în secolul al X-lea și are descendenți europeni în viață în prezent este strămoșul *tuturor* europenilor de acum (estimăm că până la 80% din populația Europei din secolul al X-lea are descendenți în viață). Iată alt mod de a privi situația: arborii genealogici a doi veri se intersectează pe o ramură, la un bunic comun; arborii genealogici ai tuturor europenilor se intersectează pe o ramură, la un individ din 1400 d.Hr; iar la punctul de confluență, toate ramurile tuturor arborilor genealogici se intersectează prin toți membrii populației de atunci.

Sunt perfect conștient (după ce am prezentat aceste date în fața studenților și a publicului de la conferințe de sute de ori) că un asemenea concept tinde să ne pună creierul pe bigudiuri, pentru că e atât de îndepărtat de ce tindem să gândim și de cum ne imaginăm propria ascendență, arborii genealogici și identitatea. Nu sună deloc corect, ba mai mult, conceptul este cu atât mai încurcat de calculul punctului de confluență

---

de 0,5% să fie descendent direct al lui Edward al III-lea. Dacă întoarcem pe dos întrebarea și spunem „Care este probabilitatea ca niciunul din cei 32 768 de strămoși ai individului din anul 1600 să nu fie dintre acei 0,5%?", calculul devine: $0,995 \times 10^{32\,768}$. Pentru a obține răspunsul la întrebarea originală, scădem numărul acesta din 1 și obținem 0,999999999999 (etc.). Dacă ai origini preponderent britanice, atunci te tragi din Edward al III-lea și din toți înaintemergătorii lui regali, inclusiv Wilhelm Cuceritorul, Æthelred cel Șovăielnic, Alfred cel Mare și, în fond, din absolut toți cârmuitorii și țăranii din Europa secolului al X-lea (n.a.).

global – anul în care întreaga populație a planetei este strămoașa tuturor persoanelor în viață la ora actuală. În mod incredibil, punctul acesta survine în urmă cu circa 3 400 de ani. Toți oamenii din prezent se trag din toți oamenii din secolul al XIV-lea î.Hr.

Indiferent de cât de implauzibil sună sau cât pare să ne contrazică propria experiență legată de familie și arborii genealogici, este adevărat: punctul de confluență genealogic este o certitudine matematică și genetică. Probabil că strămoșii din punctul de confluență ai oricărei persoane date nu vor fi distribuiți uniform pe glob: o femeie sau un bărbat din China va avea mult mai puțini strămoși din sudul Africii decât din estul Asiei, la fel și viceversa. Dar tot va avea câțiva și fiecare dintre acești strămoși va avea o relație egală cu descendenții lor de azi, indiferent unde au trăit și au murit pe glob.

Avem impresia că anumite zone, ținuturi sau populații sunt izolate fizic sau cultural și că granițele acestea sunt insurmontabile. Dar nici istoria, nici genetica nu ne spun asta. Nicio națiune nu este statică, niciun popor nu este pur. Punctul de confluență genetic global ar fi survenit mult mai timpuriu dacă nu ar fi fost expansiunea europenilor. Primii locuitori ai Americilor au fost separați pe continentul lor de acum circa 20 000 de ani, când au ajuns acolo din Siberia, pe uscatul expus de o eră glaciară care a adunat apa în ghețari și a scăzut nivelul mărilor. Dar când s-a produs topirea, cei care se mutaseră în Alaska de azi au rămas izolați de restul lumii timp de mai bine de 15 000 de ani.

Din Asia au avut loc câteva migrații în ultimii 4 500 de ani, inclusiv cea a strămoșilor inuiților de azi. Acum un mileniu, vikingii, conduși de islandezul Leif Ericson, au făcut o incursiune rapidă, de trei ani, pe continentul american, în locurile numite acum Labrador, insula Baffin și Newfoundland, din Canada, dar nu au lăsat nicio moștenire de durată și nicio urmă genetică – după o ceartă în legătură cu un taur, aprigii războinici au fost izgoniți de populația indigenă căreia îi spuneau skraeling. Însă când Columb și bărbații lui au invadat insulele Caraibilor în 1492, violurile femeilor indigene taino au început imediat, iar ascendența europeană a fost introdusă în populația Americilor. În doar câteva generații, amestecul aceasta s-a răspândit în toate direcțiile, iar semnăturile genetice respective se găsesc la americani din nord și din sud, indiferent cât de izolate ne imaginăm noi c-ar fi fost triburile lor.

Ideile acestea despre cum funcționează în realitate ascendența și arborii familiali râd în nasul conceptului de puritate rasială. Uneori îmi scriu oameni care afirmă că-și pot dovedi ascendența de-a lungul a secole întregi și că este limitată la o singură zonă geografică. Mulți consideră lucrul acesta o medalie de onoare, o stirpe seculară care le conferă o identitate tribală sau una anume personală. Un prieten mi-a relatat povestea familiei lui, conform căreia se trăgea din Niall al celor Nouă Ostatici, rege irlandez și strămoș al dinastiilor medievale Uí Néill. Niall a fost un cârmuitor din secolul al V-lea, asta presupunând că a existat măcar, așadar, dacă povestea prietenului meu este adevărată, ea i se aplică absolut oricărui european. Un irlandez mândru și încăpățânat mi-a spus odată că *toți* strămoșii lui erau dintr-o regiune mică din Irlanda, lucru verificabil de-a lungul a o mie de ani, și a refuzat să accepte că mulți din antecesorii lui sigur au venit dintr-o mulțime de locuri de pe planetă. Nu era rasist, dar dacă ar fi avut dreptate, ar fi fost periculos de consangvinizat. Unii își afirmă puritatea rasială din motive asemănătoare. Este adevărat că, în cazul multora, un procent mare dintre strămoși au trăit în aceeași zonă pe o perioadă de câteva decenii sau chiar secole. În ciuda conceptului de punct de confluență genetic, nu ne împerechem aleatoriu într-o distribuție globală uniformă. În familia mamei mele vitrege, știm de opt generații care se află în același cimitir din comitatul Essex. Oare toți cei 256 de strămoși ai ei din perioada respectivă veneau din Toppesfield sau din satele vecine? Bineînțeles că nu. Chiar și cea mai măruntă deplasare de populații ne schimbă arborii familiali, introducând indivizi și linii genealogice noi, ca să nu mai spunem că arborii aceia nu seamănă deloc a copaci și sunt foarte încurcați. Doar una din liniile mele ancestrale mă leagă de americanii nativi și e o poveste interesantă. Dar înseamnă asta că sunt american nativ? În niciun caz.

Oamenii s-au deplasat pe glob de-a lungul istoriei lor și au făcut sex oriunde și oricând au avut ocazia. Uneori se produc deplasări masive și rapide. De cele mai multe ori, populațiile rămân în mare parte statice timp de câteva generații, ceea ce dă impresia de ancoră geografică și culturală. Dar orice nazist are strămoși evrei. Orice adept al supremației albilor are strămoși din Orientul Mijlociu. Orice rasist are strămoși africani, indieni, chinezi, nativi americani, aborigeni australieni și așa mai departe – și nu doar în sensul că omenirea este o specie africană la originea ei din preistoria profundă, ci cel puțin din perioada clasică și, probabil, chiar dintr-o perioadă mai recentă. Puritatea rasială este pură fantezie. Nu există oameni pursânge, doar corcituri îmbogățite de sângele unor noroade colosale.

În prezent, putem identifica unele indicii despre ascendența noastră îndepărtată cu ajutorul ADN-ului, ceea ce ne ajută să înțelegem direcțiile ample ale migrațiilor umane și, în măsură mai mică, dar nu mai puțin fascinantă, deplasările limitate ale unor populații din istorie. Observăm tiparele acestea în genetica oamenilor vii și, deși poveștile europenilor timpurii încep să se concretizeze în fire narative solide, pentru mare parte din planetă încă mai avem foarte multe de descoperit.

După cum am mai spus în partea întâi, Africa încă nu este prea bine reprezentată când vine vorba de înțelegerea istoriilor genetice ale populațiilor ei. Am văzut că are o diversitate genetică mult mai mare decât tot restul lumii laolaltă, ceea ce înseamnă că africanii sunt, în medie, mai deosebiți între ei decât orice alți oameni de pe Pământ. Este un efect al faptului că grupul plecat inițial din Africa a fost mic și, așadar, prea puțin reprezentativ pentru populația mai amplă din care s-a desprins. De pe continent a plecat doar o proporție mică din oameni, care aveau să devină originea restului omenirii.

Un număr mult mai mare a rămas pe loc. Africa este imensă, iar timp de 70 000 de ani oamenii au migrat și au transmis gene în toate direcțiile *pe continent*. După cum am mai spus, s-a produs și un reflux din Europa și Orientul Mijlociu: în ultimele câteva mii de ani, oamenii au ajuns înapoi în Africa, unde și-au răspândit o parte din gene în genomurile locale.

Prin urmare, genomica Africii este complicația însăși și nu a fost studiată la fel de detaliat ca ADN-ul european. De-abia acum începem să deslușim deplasările populațiilor în interiorul continentului, de la triburi la orașe-state, în limitele granițelor și de la o țară la alta. Puterea geneticii ca sursă istorică de-abia începe să fie aplicată în leagănul omenirii, iar unele din poveștile pe care le scoate la lumină ne inspiră. Regatul Kuba a fost întemeiat în secolul al XVI-lea pe un teritoriu din preajma actualei Republici Democrate Congo. În vremea când kuba au stăpânit zona respectivă, populația a cunoscut o perioadă de mare dezvoltare și prosperitate, independentă și petrecută înainte de colonizarea belgiană. Conform istoriilor orale, acea dezvoltare a fost facilitată de un rege charismatic pe nume Shyaam, care a unit triburile locale. Acestea au migrat în ceea ce a devenit un oraș-stat centralizat, cu multe din caracteristicile sistemelor politice moderne rar întâlnite la vremea aceea: o capitală, o constituție orală, un sistem legal ierarhizat, procese cu jurați, impozitare și o forță polițienească. După colonizare, regatul a slăbit, dar există și în ziua de azi în cadrul Republicii Democrate Congo, în care mulți cetățeni se identifică drept kuba. Mulțumită posibilităților prezente, povestea regatului Kuba se poate testa cu ajutorul ADN-ului, iar Lucy van Dorp de la University College London a condus o echipă exact în acest scop. Cercetătorii au luat mostre de ADN de la 101 persoane cu origini kuba și le-au comparat cu câteva sute de persoane din alte populații locale, iar rezultatele au arătat că etnicii kuba aveau un amestec de ADN local mult mai mare proporțional, ceea ce demonstrează adevărul legendei despre fuziunea unor grupuri diverse și disparate prin imigrație și integrare.

Discuțiile din această carte vizează în mare parte discordanța dintre genetică și conceptul de rasă din perspectiva rasismului aplicat de coloniștii europeni asupra restului lumii. Rasismul cu bază pseudo-științifică nu este apanajul exclusiv al europenilor subjugători. Trebuie menționat că există destul rasism și în Africa și în alte locuri din lume, la rândul lui imposibil de justificat din punct de vedere biologic.

În 1990, în timpul războiului civil din Rwanda, populația numită tutsi a fost masacrată de insurgenții hutu. Estimările variază, dar unii sugerează, în mod plauzibil, că au fost omorâți până la un milion de oameni, dintre care circa 70% etnici tutsi. Este vorba de circa 10% din populația totală a Rwandei – literalmente o decimare în 100 de zile.

A fost un război al raselor. Conflictele și genocidul rezultat din ele au fost fundamentate în mare parte pe convingerea că tutsi și hutu erau diferiți genetic, iar germenii acestei convingeri se trag direct din stăpânirea colonială. În anii de ocupație germană din secolul al XIX-lea, relațiile tribale au fost încurajate să rămână în mare parte pozitive, astfel încât coloniștii să se poată folosi de munca localnicilor pentru a extrage maximum de recolte și bunuri valoroase. Coloniștii germani îi considerau pe tutsi superiori etnicilor hutu, poate din cauza ascendenței lor hamite (o rasă și un grup lingvistic caucaziene inventate la începutul secolului al XIX-lea, teoretic desprinse din populații din Orientul Mijlociu). Originea termenului susține că erau descendenți ai lui Ham, fiul lui Noe, „blestemat cu negreala pielii", conform unui pasaj din Talmud. Din ascendența aceasta rezulta – și-au spus coloniștii – că tutsi erau superiori altor africani.

Când au preluat stăpânirea, la începutul secolului XX, belgienii au semănat semințele discordiei rasiale și le-au făcut să crească. Adoptând pseudo-știința rasializată derivată din mișcarea eugenică a perioadei, oficialii belgieni au declarat că tutsi au creiere mai mari și pielea mai deschisă la culoare și că un număr mai mare dintre ei pot bea lapte la maturitate; la fel ca germanii înaintea lor, au susținut că toate astea îi fac superiori etnicilor hutu și altor grupuri.

În 1933 au fost introduse cărțile de identitate etnică, prin care rasializarea celor două grupuri era formalizată și, lucru esențial, adoptată atât de tutsi, cât și de hutu. Aceștia au rămas în conflict continuu în secolul XX, iar după retragerea coloniștilor belgieni, spre sfârșitul anilor 1950, monarhia tutsi a fost înlocuită după o revoluție violentă a populației hutu.

Genocidul de tristă amintire început în 1994, în timpul războiului civil din Rwanda, a fost instigat de administrația hutu;

au fost uciși sute de mii de oameni, iar violul a fost folosit ca armă pe scară largă. Deceniile de conflicte, crime și genocid s-au bazat pe pretenții de distincție și puritate rasială, toate fundamentate pe pseudo-știință. Temelia antropologică, antropometrică și frenologică a acestor afirmații era complet falsă și se trăgea din secolele de rasism științific transmise mai departe grupurilor devenite rivali ostili.

Genetica populației rwandeze este complexă, la fel ca genetica Africii în general. Deși există unele diferențe genetice măsurabile, care indică faptul că populațiile au urmat căi ancestrale diferite, acestea prezintă și foarte multe suprapuneri. Practicile sociale și culturale pot foarte bine să difere (tutsi erau mai degrabă păstori prin tradiție, ceea ce explică, probabil, frecvența mai mare a persistenței lactazei și a capacității de a bea lapte la maturitate), dar nu sunt o motivație serioasă pentru epurare etnică și genocid. În mare parte, tutsi și hutu s-au amestecat destul de mult; la fel ca în atâtea alte războaie civile, diferența biologică dintre oponenți era neglijabilă. Din povestea aceasta groaznică iese la iveală o ironie cum nu se poate mai sumbră: ca urmare a folosirii violului ca armă de război s-au născut peste 10 000 de copii. Aceștia poartă și gene hutu, și gene tutsi. Rezultatul nu a fost purificarea etnică, ci amestecarea etnică.

O versiune ușor diferită, dar cu nimic mai puțin dăunătoare a purității rasiale se concentrează obsesiv pe strămutarea populațiilor. În Regatul Unit, în mijlocul frământărilor actuale despre migratorii și refugiații sosiți pe insulele britanice, extrema dreaptă își exprimă de multă vreme furia sub forma sloganurilor ca „Anglia pentru englezi", sau susține că protejează cetățenia britanicilor indigeni – lucru pe care, după știința mea, nu-l amenință nimeni. „Întoarce-te de unde ai venit", mi-a spus cineva anul trecut pe Twitter, iar eu chiar l-am ascultat și am condus pe autostrada A12 până la Ipswich să-mi vizitez părinții în weekend. În iulie 2019, președintele american Donald Trump a sugerat că patru femei alese în Congresul American „vin din țări unde guvernarea e o catastrofă totală, generală" și că, dacă nu le convenea în SUA, n-aveau decât să plece înapoi. Trei dintre ele se născuseră în Statele Unite, iar a patra, Ihlan Omar, este cetățean american născut în Somalia. Bunicii paterni ai lui Donald Trump au imigrat în SUA din Germania, mama lui s-a născut în Scoția, prima lui soție – în Moravia, iar a treia – în Slovenia. Niciodată nu este clar *în ce punct din timp* se plasează reperul general acceptat pentru titlul de indigen.

În sensul trivial, situația este problematică pentru oameni ca mine, care au strămoși recenți în străinătate, sau pentru negrii britanici, sau pentru sud-asiaticii care se trag din imigranții de după al Doilea Război Mondial; bănuiesc că mare parte din furia rasiștilor este îndreptată spre noi. Dar Britania a fost invadată constant și continuu de-a lungul istoriei și a ajuns adăpost pentru migratori încă de când a devenit insulă, acum circa 7 500 de ani. În 1066 au venit francezii, care și-au început preluarea ostilă cu o săgeată trasă direct în ochiul regelui local. Mai înainte de asta, ne-au invadat agresiv vikingii, iar înaintea lor mișcarea populațiilor de pe continent a fost neîncetată – angli, saxoni, huni, alani și zeci de alte triburi și clanuri mărunte. Încă mai înainte, ne-au condus romanii, cel puțin până la Zidul lui Hadrian dinspre nord, dar mulți dintre soldații aceia nu erau din Roma, ci de pe toată întinderea enormului imperiu intercontinental și chiar din afara lui: printre ei se numărau gali, mediteraneeni și africani din zona sub-sahariană.

În urmă cu aproximativ 4 500 de ani, Britania era populată în mare parte de fermieri ai căror strămoși migraseră din Europa peste Doggerland, fâșia de teren scufundată acum sub Marea Nordului între East Anglia și Olanda; o rămășiță din ea, bancul de nisip Dogger, este menționată zilnic în secțiunea de știri despre navigație de la BBC Radio 4. Imigranții aceștia au fost cei care au construit diverse ciudățenii megalitice ca cele de la Stonehenge. Pe baza dovezilor ADN, bănuim că aveau pielea măslinie, ca oamenii din sudul Mediteranei de azi, părul șaten închis și ochii căprui (în măsura în care putem formula astfel de presupuneri, cu rezervele explicate în partea întâi). În Europa continentală se năștea o nouă cultură, care s-a răspândit în scurt timp pe arii întinse. Acum o numim cultura vaselor campaniforme, după oalele de lut cu formă caracteristică găsite în morminte și alte situri ale perioadei. Nu știm dacă tipul acesta de cultură materială a avut un punct central de origine, dar în scurtă vreme s-a întins prin toată Europa. În Britania a fost adusă acum circa 4 400 de ani, de oameni care, conform ADN-ului extras din oase găsite aici, au înlocuit în câteva secole aproape toată populația locală – o răsturnare a identității genetice în proporție de peste 90%. Dominația lor nu a fost de durată. Nu știm cum sau de ce și nici dacă au fost la mijloc violența, boala sau altceva, dar, după doar câteva sute de ani, au dispărut cu toții, iar fermierii iberici cu ceramica lor distinctivă în formă de clopot și urnele lor funerare au devenit britanici.

Înainte de cei care au ridicat Stonehenge au existat și alții, niște vânători-culegători care trăiau acolo de câteva mii de ani și care aveau pielea mai închisă la culoare. Unul din ei a fost omul de Cheddar din partea întâi, mort în urmă cu 10 000 de ani. Iar înaintea lor – ei bine, lucrurile devin neclare. În parohia Boxgrove din Sussex s-au găsit oasele altei specii umane, probabil *Homo heidelbergensis*. Aparțineau unei femei înalte sau unui bărbat masiv care a trăit în urmă cu aproximativ o jumătate de milion de ani și vâna rinoceri și urși, ale căror oase s-au găsit și ele în apropiere. Dar primele urme ale unei populații britanice se află în terenul sfărâmicios al coastei din Happisburgh (pronunțat *Heiz-bră*), Norfolk, unde s-au întipărit în rocă moale, acum 900 000 de ani, niște urme de picioare mărimea 42-43, vizibile doar la reflux.

Singurii britanici cu adevărat indigeni au ocupat ținuturile acestea acum aproape un milion de ani și nu știm sigur cărei specii aparțineau. Așadar, când rasiștii spun că Britania e pentru britanici sau când vorbesc despre populație indigenă, habar n-am la cine se referă sau, ca să fiu mai precis, la *când* se referă. Bănuiesc că nici ei nu știu.

Istoria geologică și cea a omenirii nu se sinchisesc de efemeritatea granițelor și a stăpânirilor. Noi, britanicii, respectăm statul de drept, iar trecutul colonial al țării noastre ne-a complicat evoluția conceptului de cetățenie prin adăugarea istoriei imperiale. Dar dacă ești cetățean britanic, ai dreptul la pașaport britanic, ceea ce, legal, tehnic și de drept, te face britanic. Acesta este un fapt non-negociabil. Prezentarea de argumente despre cine sunt „britanicii adevărați" sau „populația indigenă a Britaniei" este o încercare anistorică și neștiințifică de a masca rasismul.

Dar nu toate țările sunt la fel. „Populația originară" nu este un concept simplu, pentru că, de aproape o mie de ani, toate zonele locuibile de pe planetă sunt ocupate, Noua Zeelandă fiind ultima suprafață de uscat importantă pe care a ajuns specia noastră. În sensul legitim, maori sunt o populație indigenă, pentru că ei au fost primii oameni care au pus piciorul pe Aotearoa, cum își numesc ei insulele. Până să sosească ei acolo, în secolul al XI-lea sau al XII-lea, Britania trecuse prin ultima invazie agresivă din istoria ei. Vikingii au fost primii oameni care au pus piciorul în Islanda (cu posibila excepție a unui călugăr irlandez sau doi – dar aceștia, fiind pioși și caști, nu au lăsat urmași). Vikingii erau bărbați din Norvegia și Danemarca de azi care luaseră cu ei femei din Scoția, Insulele Faroe și Irlanda în călătoria lor spre apus. Primii oameni din America au ajuns acolo acum circa 20 000 de ani, pe un continent care, din câte s-a descoperit până acum, nu mai fusese locuit de ființe umane. Să fi fost indigenii aceia o rasă pură până la invazia lui Columb? Nu, pentru că timp de mai bine de 20 000 de ani au migrat *în interiorul* unui continent care acoperă aproape toate gradele de longitudine ale planetei.

ADN-ul mai are un aspect derutant. Biologia elementară ne spune că ne moștenim jumătate din genom de la mamă și jumătate de la tată. Este un adevăr universal acceptat pentru toți oamenii de-a lungul timpului:* odată cu concepția unui copil, apare un genom cu totul nou. Dar procesul de amestecare genetică implicat în formarea spermatozoidului și a ovulului garantează că fiecare dintre cele două celule va fi unică și va purta o jumătate unică de genom (așadar, cealaltă jumătate unică se va pierde la generațiile următoare, chiar dacă respectivul spermatozoid sau ovul își va atinge scopul). Ceea ce înseamnă că nu se transmite aceeași jumătate de la o generație la alta. De-a lungul timpului, descendenții încep să piardă ADN-ul strămoșilor lor propriu-ziși. Cantitatea care dispare

* Ce-i drept, în ultimii ani, câțiva copii au primit genomuri mitocondriale de la un al treilea donator genetic, pentru vindecarea unor boli. Presei îi place să-i numească „copiii cu trei părinți", dar adevărul este că li se adaugă o cantitate de ADN atât de infimă, încât denumirea nu se justifică (n.a.).

este, cumulativ, enormă: ai ADN doar de la 50% din strămoșii tăi de acum unsprezece generații. Genealogia și genealogia genetică nu se suprapun perfect, ci se îndepărtează progresiv pe măsură ce ne adâncim în trecut. Este, deci, posibil să nu fii înrudit genetic cu oameni din care te tragi efectiv nu mai departe de jumătatea secolului al XVIII-lea. Aspectul acesta zădărnicește încă o dată încercarea de a înregimenta genetica drept mijloc de a stabili afilierea la un trib, rasă sau altă identitate.

După cum am văzut, secvențierea ADN-ului a devenit de câțiva ani atât de ieftină și de rapidă, încât au apărut companii care îți prelevează genele (de obicei dintr-o mostră de salivă) și îți citesc părți anume din ADN pentru a face predicții sau afirmații despre diverse trăsături personale pe care le ai. Unele astfel de companii se concentrează pe sănătate sau regimul alimentar, pe aptitudinile sportive sau pe lucruri și mai ridicole, cum ar fi preferința în materie de degustare de vinuri sau compatibilitatea cu o posibilă consoartă. Câteva dintre ele au devenit întreprinderi vaste, cu rădăcini în genealogia genetică folosită în scop comercial. Unele au apărut și au dispărut, după ce au făcut afirmații hazardate despre apartenența la triburi anistorice, la grupuri de nomazi sau făuritori de ceramică romanțați. Selecția naturală a forțelor pieței a împuținat afacerile de acest gen până aproape de extincție, dar printre cele care au rezistat, uriașii sunt 23andMe și AncestryDNA. În prezent, cele două dețin genomurile a circa 26 de milioane de clienți care au plătit ca să-și ofere saliva și, prin ea, ADN-ul în schimbul unor informații despre moștenirea lor genetică.

Marketingul pentru astfel de servicii este persuasiv și ademenitor. De obicei face apel la narcisismul nostru, la curiozitate și la dorința de apartenență, prin mesaje ca „Descoperă-ți rădăcinile" ori povești despre strămoși exotici sau necunoscuți. 23andMe a profitat de finala Cupei Mondiale de Fotbal masculin din 2018 cu niște reclame care propuneau: „Susți-ne-ți rădăcinile: fii cel mai bun suporter! Ține cu echipa țării care-ți reflectă ADN-ul unic."

Bănuiesc că cei din departamentul de marketing nu cunoș-teau prea mulți microbiști.

Pe pagina web a companiei Ancestry, clienții dau mărtu-rii despre identitate și descoperiri personale: „Am început să mă gândesc câte spune istoria familiei mele despre identita-tea mea", declară Mark. „În tinerețe am crezut întotdeauna că sunt 100% britanic. Tata era născut în Edgware, mama în Hampshire." Dar, conform anunțului, Mark a descoperit că are străbunici ruși, germani și greci, iar testele ADN i-au spus că e „doar 40% britanic, 25% german și 35% grec".

Firește, aici nu e vorba de sentimente rasiste. Dimpotrivă, astfel de firme încurajează ideea că *suntem* un amestec fericit, cu strămoși din tot felul de locuri, pe care poate nu-i cunoaș-tem pentru că unele povești de familie s-au pierdut sau nu au ajuns la noi.

Asta nu înseamnă că se susțin științific. Iată ce fac de fapt serviciile respective: îți compară ADN-ul cu bazele de date de la alți clienți – adică alți oameni în viață – și determină în ce zone de pe glob locuiesc cei cu care te potrivești. Hărțile pe care le primești după câteva săptămâni îți reflectă asemănă-rile cu populații actuale, din care se presupune că se deduc ră-dăcinile tale ancestrale. Nu este incorect: identifică populații care au adus o contribuție genetică la genomul tău. Îți dezvă-luie o probabilitate pentru o parte din ascendența ta. Progra-mele de felul acesta sunt capabile să identifice cu mare pre-cizie rude foarte apropiate, ba s-au raportat și câteva cazuri care și-au descoperit frați sau surori de mult pierduți, veri sau părinți necunoscuți care i-au dat spre adopție. Dar, pentru vasta majoritate a clienților plătitori, rezultatele sunt generice și neinteresante.

Aproximarea datelor care le permite să spună cuiva că este „40% britanic, 25% german și 35% grec" sau orice altă combinație mi se pare incertă și nu indică nici numărul, nici relația cu strămoșii care au o moștenire greacă de durată. Un rezultat mai precis ar spune „Deși genomul dumneavoastră prezintă contribuții genetice importante de la persoane care au o asociere geografică recentă cu statele-națiuni moderne Germania și Grecia (numai că nu putem fi siguri de la care dintre strămoși vine), arborele dumneavoastră genealogic se întinde prin toată Europa și, în măsură mai mică, dar semnificativă, chiar prin toată lumea. Cu toate acestea, sunteți în continuare 100% britanic pentru că astfel vi se determină legal cetățenia. Genetica nu va schimba acest fapt". Ce-i drept, ar rezulta o campanie de marketing foarte firavă și, bănuiesc, un produs pe care nu prea ți-ai dori să-l faci cuiva cadou de Crăciun.

Genul acesta de servicii și de rezultate sprijină și o credință veche într-un fel de esențialism extras din apartenența la o națiune. Credința aceasta este o trăsătură care ia cu asalt perspectiva populară asupra moștenirii ancestrale și a geneticii. Genele joacă un rol important în toate aspectele biologiei noastre, inclusiv în comportament. Ca să nu mai spunem că, deși le putem măsura contribuția în populațiile contemporane și faptul că se transmit din generație în generație, nu înțelegem neapărat cum funcționează și nu ne putem pronunța decât în foarte mică măsură despre stabilitatea unor asemenea contribuții genetice la trăsăturile indivizilor de-a lungul unor intervale de timp între generații. „35% grec" chiar spune ceva despre caracterul sau comportamentul cuiva? De multe ori, diverși oameni îmi spun cu nonșalanță că ascendența lor neprevăzută le explică personalitățile într-un fel sau altul, pe baza unor stereotipuri naționale, invariabil legate de trăsături pozitive sau atrăgătoare: spanioli focoși, de exemplu, sau nemți metodici, francezi pasionali, scoțieni îndârjiți. Nimeni nu mi-a spus vreodată că moștenirea lui genetică explică faptul că nu are voință, că-i e frică de păianjeni sau că e un papă-lapte molâu. Sunt convins că există o fărâmă de adevăr în ideea caracteristicilor naționale, pentru că oamenii care trăiesc împreună, supuși acelorași influențe culturale de-a lungul unor generații, se vor comporta mai asemănător între ei decât în comparație cu alții. Dar faptul că respectivele caracteristici ar fi codate în gene, stabile în timp și relevante pentru comportamentul unui individ este îndoielnic.

Mai există un factor care șubrezește valoarea informațională a acestui tip de teste genetice. Rezultatele depind de comparația cu o bază de date compusă din ADN-ul altor clienți plătitori, nu cu un grup ales aleatoriu sau cu populația generală, și au mai multe șanse să fie determinate de oameni care se aseamănă: din motive socioeconomice, clienții plătitori tind să fie europeni relativ bogați sau nord-americani cu origini europene. Descompunerea datelor rezultate este extrem de bună, de exemplu, pentru genomul meu analizat de firma 23andMe, care mi-a prezentat porțiuni de ADN care se aseamănă cel mai mult cu al oamenilor din unele regiuni scandinave, Franța și Marea Britanie. Jumătate din genomul meu vine de la strămoșii indieni, dar în rezultatele mele acei 1,3 miliarde de oameni sunt reprezentați de un singur bloc uniform, lipsit de orice structură sau detaliu, din simplul motiv că relativ puțini dintre cei care au cumpărat astfel de truse de testare și și-au oferit ADN-ul pentru includerea în baza de date au fost indieni sau de origine indiană.

În SUA, problema se accentuează, după cum este de așteptat de la o națiune cu o istorie atât de scurtă și de neobișnuită. Cam o optime din populație este neagră și se trage din oameni aduși ca sclavi, în mare parte, din vestul Africii.* Locul nașterii sau cetățenia reală a strămoșilor lor este aproape întotdeauna complet necunoscută. Populațiile indigene ale Americilor, în special americanii nativi, compun cam 2% din populația totală a Statelor Unite. Indiferent de legile actuale care interzic practicile rasiste și de nivelul actual de rasism în rândul populației, ambele grupuri au fost supuse unor politici rasiste recente, semnificative istoric și aprobate de administrația de stat: protestele pentru câștigarea de drepturi civile au avut loc nu mai departe de anii 1960, iar sterilizarea forțată a americanilor nativi – nu mai departe de deceniul 1970.

Ambele grupuri tind să aibă situații socioeconomice dezavantajate și un număr asemănător de mic de membri care își permit teste genetice comerciale. Trebuie spus, însă, că unele companii și-au orientat produsele către această categorie demografică drept reacție, iar concluziile au fost la fel de răsuflate. O astfel de firmă este African Ancestry, care susține pe site-ul web că, spre deosebire de concurență, poate „identifica țara africană de origine" și „specifica un grup etnic african".

Ambele afirmații sunt, în opinia mea, îndoielnice din punct de vedere științific. Grupurile etnice din Africa tind să fie delimitate mai mult cultural decât genetic și nu se corelează prea precis cu gruparea populațiilor când vine vorba de prelevarea de mostre de genomuri. În unele analize științifice ale genomurilor din întreaga Africă, autorii se feresc să ajungă la gradul de detaliu al unei țări anume, dar pot identifica, de

*** În realitate, mulți americani de origine europeană au strămoși africani și mulți afro-americani au o proporție importantă de ascendență europeană (n.a.).**

exemplu, o semnătură genetică pentru „ascendența vorbitoare de bantu din vest" – bantu fiind un grup de o enormă diversitate, întins pe toată lățimea continentului și compus din sute de milioane de oameni organizați vag în sute de triburi. Mai mult, cele mai recente studii din Africa sub-sahariană indică o istorie genetică de enormă complexitate pe continent. Migrația genelor respective în Americi este la fel de greu analizabilă.

Am mai vorbit despre complexitatea structurii genetice a oamenilor de pe continentul african. Pornind de la nivelul acesta de referință, deplasarea lor către Americi în era comerțului transatlantic cu sclavi complică și mai mult lucrurile. Estimările variază, dar în general istoricii consideră că, între secolele al XVI-lea și al XIX-lea, au fost luate din țările de coastă, printre care Senegal, Sierra Leone, Angola și Congo, aproximativ douăsprezece milioane de persoane, care au fost duse în America de Nord și de Sud. Cartea de față nu se vrea o istorie a sclaviei, dar se impun unele observații pertinente cu privire la încercarea de a ne înțelege ascendența prin testare genetică. Primii africani aduși în servitute au ajuns în America în coloniile pe atunci engleze de la Jamestown, în urmă cu 400 de ani, dar alți africani erau prezenți în Caraibe și nordul continentului american de un secol deja. Sclavia a fost instituită neuniform începând din secolul al XVII-lea sub legea colonială, mai ales sub principiul *partus sequiter ventrem*, care însemna că un copil născut în coloniile engleze moștenea statutul legal al mamei – fiica sau fiul unei femei aflate în sclavie se năștea tot în sclavie. Legea aceasta a fost gândită, în parte, ca reacție la cazul de importanță hotărâtoare al lui Elizabeth Key, din 1656. Era fiica unei africane și a unui englez și este înregistrată în actele judecătorești drept „*molleto*" (o variație a cuvântului *mulatto*, adică mulatru, de rasă mixtă). Key și-a câștigat prin tribunale libertatea, a ei și fiului său, John, cu argumentul că era creștină botezată (or, creștinii nu puteau fi luați sclavi pe perioadă nedeterminată), iar pe atunci statutul copilului depindea de cel al tatălui, în cazul respectiv, soțul englez al femeii, avocatul William Grinstead. După moartea acestuia, Key s-a recăsătorit, iar John a rămas un om liber. Fiind persoane de importanță istorică, descendenții lor sunt bine documentați: mulți au nume de familie ca Grinstead, Grimsted sau Greenstead, iar printre ei se numără și actorul Johnny Depp.

Legea *partus* a fost introdusă în 1662 de Adunarea Generală a Statului Virginia pentru a scuti bărbații de responsabilitatea paternală pentru copiii făcuți cu femei sclave și aplica un concept numit „hipo-descendență", conform căruia statutul social al copiilor de origine mixtă este impus de grupul dominant grupului subordonat. Era ceva la ordinea zilei ca bărbații să lase însărcinate femei sclave – un caz celebru din epoca de după Revoluția Americană este al președintelui Thomas Jefferson, despre care se spune că a avut șase copii cu Sally Hemmings, ea însăși rodul uniunii dintre o afro-americană și un englez. Conform legislației din Virginia, copiii lui Jefferson erau albi din punct de vedere juridic, dată fiind proporția de ascendență engleză din arborele lor genealogic, dar erau născuți în sclavie ca urmare a legii *partus*. Mulți dintre urmașii lor sunt cunoscuți și în ziua de azi.

Deși importul sclavilor ca șeptel a fost interzis oficial prin lege în SUA din 1808, comerțul cu sclavi în sine a continuat în limitele continentului american, până când, 55 de ani mai târziu, Abraham Lincoln a semnat hotărârea executivă cunoscută drept Proclamația pentru Emancipare, prin care erau eliberați din sclavie 3,5 milioane de americani.

Descrierea aceasta foarte superficială a vieții americane de-a lungul a patru secole are implicații profunde în ce privește înțelegerea originilor genealogice ale americanilor de azi. La sfârșitul comerțului transatlantic cu sclavi, Statele Unite numărau o populație de circa șapte milioane de locuitori; la sfârșitul sclaviei, cifra era de 23 de milioane. În secolul următor, imigrația s-a accelerat, iar populația a crescut exploziv, până la cei 325 de milioane de americani din ziua de azi, dintre care unii se trag din Africa, dar majoritatea au origini în țările europene. În prezent, SUA au o populație afro-americană de aproximativ 42 de milioane de locuitori. Dacă ne gândim la încrucișarea continuă dintre populațiile aflate în sclavie și dintre ele și deținătorii de sclavi, aplicând aceleași reguli generale despre durata generațională la om, este aproape de neconceput ca un test genetic să poată identifica țara africană de origine dinaintea sclaviei transatlantice. La fel cum se întâmplă cu toate locurile de pe Pământ, afro-americanul de azi va avea peste 1 000 de strămoși în secolul al XVIII-lea. Este imposibil să fi venit toți din același trib sau din aceeași țară.

Au fost aduși peste ocean milioane de africani, iar alte milioane au murit pe drum, de boli sau sărind peste bordul vaselor pentru că știau că moartea e mai bună decât robia. Supraviețuitorii traversărilor nu erau separați după țara de origine – ar fi fost imposibil, când erau vânduți ca vitele pe plantații din America de Nord și de Sud. Poate că, pe măsură ce bazele de date cresc și se continuă studiile cu analize tot mai detaliate, va deveni posibilă identificarea pe baza ADN-ului a unor strămoși din anumite regiuni, sau chiar din anumite triburi așa cum le cunoaștem astăzi. Dar, la fel ca peste tot pe glob, chiar și în cadrul acestei istorii grotești, orice om are doi părinți, patru bunici, opt străbunici și așa mai departe, iar dacă luăm în calcul și gradul deloc neglijabil de amestec din Africa, puritatea semnalelor genetice care ne-ar putea da o informație atât de precisă cum este țara de origine va fi neclară. Dezordinea deplasărilor de populație și dorința de reproducere, fie voluntar, fie prin acte de cruzime și viclenie, răpesc orice sens conceptului de origine geografică unică.

Dorința de a afla mai multe despre strămoșii noștri este intensă, iar în cazul afro-americanilor, empatia este importantă. Comerțul transatlantic cu sclavi a fost un apogeu regretabil al capacității omului de a fi crud cu semenii săi. S-au distrus locuințe ancestrale, s-au anihilat triburi, s-au decimat țări. Milioane de persoane au murit pe vase unde erau încătușate. Pentru o populație (mai multe, de fapt) atât de dezrădăcinată de propriul trecut, care pare doar o foaie goală, orice informație poate avea o urmă de validitate sau poate da un strop de încredere sau alinare. Cu toate acestea, testele genetice comerciale rămân neconvingătoare din punct de vedere științific.

Pentru americanii nativi, povestea este alta, dar rezultatele sunt asemănătoare. Oprimarea și persecuția diverselor populații indigene din Americi a început în 1492 și a durat secole întregi. Triburile au fost strămutate cu forța, femeile au fost violate și ucise. Drumul Lacrimilor este poate cea mai cunoscută migrație forțată din istoria Statelor Unite. În 1830, președintele american Andrew Jackson a ratificat Legea de Îndepărtare a Indienilor, care, deși la prima vedere nu făcea decât să acorde administrației federale dreptul de a deschide negocieri de strămutare voluntară cu triburile Cherokee, a avut efectul intenționat de a facilita dislocarea cu forța a peste 16 000 de americani indigeni, după ce s-a descoperit aur în teritoriile Cherokee.

În exodul acesta impus au murit mii de oameni. Faptul că au existat astfel de politici genocide reflectă rasismul inerent al guvernărilor succesive de-a lungul deceniilor, dar în același timp descrie o istorie a populațiilor foarte nefirească, pe lângă cei 20 000 de ani de migrație și nivelurile de amestec la care ne puteam aștepta în America pre-invazie. Raritatea documentelor genealogice la populațiile native americane, împreună cu numărul redus al mostrelor genetice ne limitează la o înțelegere actuală relativ slabă a genomurilor indigene ale continentului. Știm că a existat un transfer de gene între triburi și înainte de colonizare, și după. Știm că migrația forțată a presupus schimbări în apartenența la un trib sau altul, ca urmare a mutărilor și a simțului puternic de apartenență la teritoriul locuit. Statutul tribal derivă din mai multe aspecte, printre care foarte important este cel numit „proporția de sânge" (invenție a americanilor europeni din secolul al XIX-lea), adică numărul de strămoși aflați în același trib ai unui individ. În afara cazurilor de paternitate incertă, ADN-ul nu se poate folosi în mod util.

Asta nu a împiedicat apariția unor companii specializate în genealogia genetică, afaceri care vând produse despre care pretind că pot determina apartenența la un trib sau altul. Firma Accu-Metrics anunță că există „562 de triburi recunoscute în SUA, plus încă cel puțin 50 în Canada" și că, pentru 125$, poate *„determina dacă aparțineți unuia din aceste grupuri"*. DNA Consultants vinde un test pentru apartenența la tribul Cherokee cu 99$, iar pentru încă 25$ primești și un certificat în acest sens. În opinia mea, astfel de produse sunt pseudo-științifice, un fel de astrologie genetică. Având în vedere cât de puțin ADN nativ american există în bazele de date actuale, sunt de părere că este imposibil la ora actuală să identificăm statutul tribal cu ajutorul ADN-ului, iar dată fiind istoria populației triburilor indigene, bănuiesc că nu va fi posibil niciodată.

Acum știm sigur că migrația pe distanțe lungi și schimbul neîntrerupt de material genetic au fost trăsături omniprezente în istoria omenirii și că, prin urmare, structura actuală a populațiilor nu este neapărat un indiciu solid pentru localizarea geografică a populațiilor ancestrale. Fiecare națiune de pe Pământ este unică și toate sunt la fel. Nu există puritate rasială, iar genetica a făcut de rușine astfel de afirmații. În toată lumea, populațiile au, într-adevăr, semnături genetice care indică structura actuală și, în oarecare măsură, pe cea istorică a popoarelor care le au în comun. Dar acestea corespund prea puțin cu ideea de rasă, ba chiar și cu cea de țară.

Până acum, ne-am concentrat pe încercările de a determina identități culturale pe baza geneticii, efort care, în cel mai bun caz, este o luptă grea. Același lucru se aplică, firește, și persoanelor de origine europeană care își afirmă puritatea rasială și, prin ea, superioritatea rasială. Conceptul de rasism are mai multe definiții, dar toate sunt, în esența lor, comparative. Oricum s-ar defini rasial un grup, se presupune că există comportamente sau trăsături specifice diverselor grupuri, care pot fi ierarhizate.

Cercurile din diagramele Venn ale persoanelor care se descriu drept naționaliști albi, adepți ai supremației albilor și neo-naziști se suprapun aproape perfect, deși toți cei de mai sus afirmă că există diferențe subtile între ei. Ca și în zorii rasismului științific, aproape toți se autodefinesc drept superiori altor rase.* De la apariția internetului, sincronizată

* Partidul Nazist American afirmă că membrii săi nu sunt adepți ai supremației albilor, ci doar separatiști. Printre obiectivele lor specifice se află și interzicerea artei moderne și a muzicii rap. Ca să vezi (n.a.).

aproximativ cu revoluția genomică, există și site-uri rasiste. Poate cel mai cunoscut este Stormfront, care își descrie membrii drept „realiști ai rasei" și naționaliști albi, dar există multe altele, inclusiv pe forumuri influente de pe site-uri web ca 4Chan și 8Chan. Stormfront chiar își declară pe pagina introductivă interesul specific pentru genetică:

> „Problema omenirii nu ține atât de ideologie (de o doctrină religioasă, politică, socială sau economică anume), cât de sânge. Altfel spus, de faptul că mare parte (poate 90% sau mai mult) din inteligența și caracterul unei persoane este determinată de ADN, care îi stabilește structura creierului înainte de naștere. De aceea negrii, ca grup, fac ce fac".

Unul din scopurile specifice ale multor grupuri naționaliste albe este stabilirea unui etno-stat alb, iar de la apariția testelor genomice personale disponibile comercial, astfel de site-uri sunt pline de rasiști obsedați de genetica populațiilor. Nu este prea clar cum ar stabili ei puritatea rasială, dar serviciile folosite de amatorii de genealogie în încercarea de a-și identifica strămoșii sunt populare și în rândul celor care vor să le folosească pentru a demonstra ideea de puritate a albilor. Astfel de site-uri dau pe dinafară de comentatori care se laudă cu rezultatele testelor făcute, atât timp cât acestea indică origini nord-europene. Cunoscutul naționalist alb Richard Spencer* și-a postat rezultatele de la 23andMe pe Twitter în 2017:

---

* Richard B. Spencer (n. 1978, Boston, Massachusetts) susține ideea creării unui etno-stat alb, respectiv inițierea unui proces „pașnic de purificare etnică" a Europei, cu scopul de a încheia ceea ce el numește desconstrucția culturii europene. Este considerat de unii drept inventatorul termenului *alt-right*, care descrie o mișcare identitară ce protejează interesele albilor. Începând din 2016, i-a fost interzisă intrarea în Marea Britanie, iar din octombrie 2017, în Spațiul Schengen (n.r.).

conform lor, era 99,4% european și 0% evreu așkenazi. Pentru că site-ul 23andMe o permite, a făcut publice pentru oricine rezultatele complete, care arată că are strămoși nord-africani și mongoli nu mai departe de secolul al XIX-lea. În mod amuzant, Spencer încă nu a comentat aceste detalii.

Pe astfel de forumuri se observă și un interes pronunțat pentru lucrări științifice specializate; se discută pe larg studii care în mod normal, într-o instituție academică, nu ar trece mai departe de bârfele la cafea. Nivelul de înțelegere variază enorm, dar unii participanți măcar înțeleg fundamentele geneticii și depun mari eforturi să le explice și celorlalți pe forumuri. În mod inevitabil, expunerile duc lipsă de nuanță, trag concluzii diferite de ale studiului original, sau pur și simplu neagă corectitudinea lucrărilor. O altă activitate în astfel de fose septice intelectuale este extragerea de grafice din lucrări academice și rescrierea legendelor pentru a crea meme distribuite apoi pe alte platforme de socializare, ca Facebook și Twitter. Orice genetician care a publicat rezultate, date sau opinii despre astfel de lucrări științifice pe canalele de socializare știe că potopul de comentarii rasiste poate fi copleșitor. Reacțiile par semi-coordonate și uneori folosesc aceleași exprimări sau meme în mod repetat. Poate fi surprinzător pentru oamenii de știință care nu au mai luat contact cu așa ceva sau care nu erau conștienți că lucrările lor se discută în amănunt pe forumuri rasiste.

Există și acuzații anecdotice că geneticienii de pe scena publică fac afirmații despre invaliditatea științifică a conceptului de rasă în raport cu aptitudini specifice (mai ales cele cognitive și inteligența, pe care le vom analiza detaliat în partea a patra), dar că, în siguranța oferită de mediul academic, de fapt gândim și spunem altceva. S-au făcut astfel de acuzații și în articole din ziare importante, iar mie mi-au fost adresate personal, de către personalități media cu un număr mare de urmăritori pe canalele de socializare. E aproape jenant că este nevoie s-o spun, dar e o mizerie de conspirație scornită de creiere complet duse cu pluta. E o insultă comică adusă miilor de oameni de știință care își dedică viața căutării de adevăruri obiective despre oameni și natură și este lipsită de orice dovadă. Ideea că ascundem publicului cine știe ce adevăr din motive politice este absurdă. Ca și în cazul altor afirmații anti-științifice la fel de absurde, cum este creaționismul, dacă aș putea demonstra că Darwin s-a înșelat sau că rasele sunt descrieri valide științific și utile ale variațiilor umane, aș fi cel mai celebru biolog din istorie, iar bogăția pe care mi-ar atrage-o descoperirea mea ar fi absolut magnifică.

Așa cum spunea Jonathan Swift în 1721: „Rațiunea nu va îndupleca în veci un Om să-și îndrepte o Părere strâmbă pe care nu prin Rațiune a dobândit-o".

Încercarea de a contrazice rasiștii care văd conspirații pe toate drumurile în discuții despre știință este un efort aproape complet steril, ca să nu mai spunem că este epuizant. Când ești atât de îndârjit și de fixat pe o idee facilă, tinzi să rămâi ferm pe poziții. Cel care bântuie pe forumuri rasiste, mai ales cele dedicate testelor genetice comerciale pentru determinarea ascendenței, asistă uneori la discuții pe marginea rezultatelor care dezvăluie o moștenire până atunci necunoscută, o legătură cu oameni pe care adepții supremației albe îi disprețuiesc. N-am să ascund bucuria meschină pe care mi-o trezesc astfel de raze de lumină care mai străbat în caverne altfel cufundate în beznă. În 2017, un studiu a analizat exact fenomenul acesta. Ce se întâmplă când ești devotat unei ideologii rasiste, dar descoperi că ai strămoși recenți dintr-o populație pe care o urăști?

Sociologii Aaron Panofsky și Joan Donovan au analizat peste 3 000 de comentarii de pe Stormfront. Site-ul, care este cel mai mare și mai vechi forum rasist de pe internet (și face o distincție internă între naționaliștii albi și adepții supremației albe, prea puțin relevantă aici), afirmă că are câteva sute de mii de utilizatori. Comentariile despre rezultate care confirmau credința utilizatorilor în propria puritate rasială erau marcate de obicei de ușurare sau plăcere, cu expresii ca „sânge pur" sau „100% alb".

În discuțiile despre genealogia genetică legate de descoperirea unor origini non-europene sau non-albe, se foloseau diverse strategii pentru a pune la îndoială sau a despica firul în patru – unele sofisticate, altele de-a dreptul toante. În rândul reacțiilor mai puțin cizelate abundă paranoia și conspirațiile: *companiile sunt deținute de evrei*, sau *totul e parte dintr-un complot ca să inspire îndoială despre puritatea rasială*. E ceva la ordinea zilei pe Stormfront, care declară pe pagina introductivă că:

> „Evreii colaborează din culise pentru a prelua controlul asupra tuturor canalelor TV, școlilor, ziarelor, posturilor de radio, statelor, studiourilor de film, băncilor etc. [...] Originea problemei cu evreii stă, din nou, în sânge. Ca grup, ca rasă, suferă de psihopatie – o boală mintală al cărei principal simptom este capacitatea de a minți de îngheață apele".

Alte reacții implică încercări de a demonta sau de a desființa rezultatele testelor genetice. Cu o șchioapă mai rafinate decât conspirațiile evreiești sunt afirmațiile că datele în sine ar fi defectuoase în cazul acelei companii anume și recomandările ca utilizatorul să încerce alta. Unii consideră procentele scăzute de amestec non-european drept zgomot de fundal sau le declară neglijabile, dar pragul de irelevanță este arbitrar și variază enorm. Unii trasează paralele între procente și presupuneri despre proporția de ascendență genealogică pe care ar releva-o acestea, ceea ce amintește puțin de regulile stabilite în Statele Unite din era sclaviei pentru a determina dacă un copil s-a născut alb sau căpăta altă etichetă, ca *mulatru* sau *quadroon*.*

Panofsky și Donovan documentează și reacțiile la dezvăluirea unor origini non-europene sau evreiești (Stormfront impune ca cerință utilizatorilor înregistrați să nu aibă strămoși evrei – lucru aproape imposibil pentru orice european). Unele răspunsuri exprimă simpatie: „Lasă, nu-ți face probleme. Când te uiți în oglindă, vezi evreu [sic]? Dacă nu, ești în regulă". Altele manifestă ostilitate extremă și propun ca utilizatorul să fie dat afară de pe site sau să se sinucidă. Cineva a anunțat că are ADN-european în proporție de 61%, la care altcineva i-a răspuns: „Ți-am pregătit ceva de băut. E 61% apă curată. Restul e cianură de potasiu. Bănuiesc că n-ai nicio obiecție să bei. (S-ar putea să fie nevoie să amesteci în pahar întâi, pentru că oricine observă din prima că nu e apă pură.) Cianura nu e apă și TU nu ești alb".

Puritatea albilor este ideea esențială a mișcării pentru supremația albilor. Albul este considerat superior altor pigmenți, nu în ultimul rând din cauza unei interpretări a istoriei în care europenii domină asupra altor țări prin cucerire și stăpânire imperială, ceea ce le atribuie cumva și caracteristici ca inventivitatea și priceperea la a face avere. Atitudinile aces-

* Cu un singur bunic non-alb (n.t.).

tea sunt remarcabil de asemănătoare cu cele exprimate de-a lungul istoriei rasismului științific de Kant, Voltaire și mulți alții, din secolul al XVII-lea până în secolul XX. Amestecul cu persoane non-albe este un act de diluare a purității moștenirii albe și deci subminează justificarea unui etno-stat al albilor.

Studiul lui Panofsky și Donovan se bazează pe date de pe un singur site web rasist, chiar dacă e cel mai mare și mai vechi. În orice caz, utilitatea testării genetice comerciale a devenit o parte masivă și importantă din discursul adepților supremației albe. Dintre toate clasificările diverselor tipuri de reacții – bucurie, supărare, respingerea veștilor proaste, condamnarea sau ignorarea lor ca neimportante – niciuna nu a dus la revelații care să le schimbe utilizatorilor vederile științific analfabete despre rasă.

În orice caz, faptul acesta demonstrează foarte clar maxima lui Swift cum că nu poți convinge rațional pe cineva să renunțe la o opinie pe care nu și-a format-o rațional. În astfel de cazuri, genetica modernă este folosită greșit drept cârjă de sprijin pentru o ideologie politică, iar dacă realitatea doboară această cârjă, ideologia nu se clatină cine știe ce. Măcar putem privi partea bună a incidentelor de felul acesta – arată că rasismul exprimat de adepții supremației albe nu este confirmat de știință. Oricât de amuzante ar părea, majoritatea discuțiilor despre genetică și rasă de pe asemenea forumuri îi vizează pe cei ale căror rezultate au relevat numai ADN „alb" nord-european și sunt motivate de o înțelegere greșită a testelor, adesea lăudate publicului și simplificate într-atâta încât devin îndoielnice științific.

Ar fi nedrept să învinuim testele genealogice comerciale pentru că rasiștii le cooptează cauzei lor. Dar genul acesta de distorsionare a științei le dă apă la moară și rasiștilor, și amatorilor obișnuiți de studii genealogice. Genealogia și genetica au o relație strânsă, dar nu perfectă. ADN-ul ne poate spune lucruri interesante despre istoria familiei și strămoșii noștri, dar are puteri strict limitate de biologia fundamentală și de comportamentul populațiilor, anume faptul că ne deplasăm și ne reproducem pe arii remarcabil de mari. Genealogia tradițională are și ea limitele ei, complementare: documentația scrisă dispare, pentru majoritatea familiilor, la distanță de doar câteva generații în trecut. Pentru majoritatea oamenilor, neajunsurile acestor tehnici genealogice sunt obstacole solide ca un zid de cărămidă, de netrecut. Testele genetice care pretind să ne spună ceva despre strămoșii noștri pot fi amuzante, dar, în opinia mea, nu oferă mare lucru în afară de o distracție superficială.

Nu te definești nici prin genele tale, nici prin strămoșii tăi. Majoritatea arborelui tău genealogic s-a pierdut și nu mai poate fi recuperat vreodată. De atâta lucru putem fi absolut siguri: te tragi dintr-o mulțime de oameni din lumea întreagă, din unii despre care crezi că știi și din mult mai mulți despre care nu știi nimic. De numeroși dintre ei nu ești legat în niciun fel relevant genetic. Acestea sunt datele biologiei.

PARTEA A TREIA

Puterea neagră

3

Ultimul bărbat alb care a câștigat finala olimpică la alergarea de 100 de metri a fost scoțianul Alan Wells, în 1980. Jocurile Olimpice erau găzduite de Moscova și, dată fiind intensitatea Războiului Rece, SUA le boicotaseră, așa că sprinterii lor de elită lipseau. Cu Wells cu tot, la start se aflau cinci bărbați albi, doi cubanezi și un francez de origine africană. Medalia de bronz a câștigat-o tot un alb, Petar Petrov, un bulgar al cărui record personal era de 10,13 secunde. Nu putem ști, dar este de așteptat că, dacă ar fi participat și sportivii americani, Wells nu s-ar fi clasat nici printre primii opt, pentru că recordul lui personal era de 10,11 secunde.

Nu a fost doar ultima oară când un bărbat alb a câștigat proba olimpică de 100 de metri, ci și ultima când vreun bărbat alb a *concurat* în finală și ultima în care timpul câștigător a depășit 10 secunde. De când a răsunat pistolul de start la Moscova în 1980, au luat startul în proba finală de 100 de metri 58 de alergători. Scriu rândurile acestea la sfârșitul lui 2020, iar tu poate le citești după următoarele Jocuri Olimpice, dar sunt convins că următorul învingător va fi tot un bărbat cu pielea închisă la culoare și origini africane recente.

Finala olimpică de 100 de metri pentru bărbați este cea mai prestigioasă cursă de alergare de pe planetă. Reprezintă evaluarea formală, din patru în patru ani, a celei mai mari viteze pe care o poate atinge o ființă umană pe cea mai scurtă distanță prestabilită, cu cea mai mare acoperire mediatică posibilă și miliarde de spectatori. Creșterea enormă a popularității sportului în era modernă, împreună cu posibilitățile presei globale ne-au permis să privim oameni din toate națiunile, de toate culorile și convingerile, întrecându-se într-o mulțime de competiții. Jocurile Olimpice au la temelie principiul unității internaționale. Cele cinci inele întrepătrunse care formează steagul olimpic reprezintă cele cinci continente – Europa, Asia, Africa, Oceania și Americile. În era modernă, culorile cercurilor sunt non-specifice, dar până în 1951 Europa era legată în mod explicit de cel albastru, Oceania de cel verde, Americile de cel roșu, Asia de cel galben și Africa de cel negru.

La baza întrecerilor sportive moderne stau principii nobile. Mottoul olimpic este „Mai repede, mai sus, mai puternic"; jocurile sunt un spectacol care etalează talentul, munca grea, concurența sănătoasă și lupta nu pentru victorie, ci pentru simpla participare. Ca privitori, ne extragem un divertisment de înaltă clasă din oamenii ajunși la apogeul capacității fizice, încleștați în drama unui conflict intens, guvernat de reguli stricte.

Dar valorile acestea onorabile maschează multă nedreptate. În sporturi se manifestă o enormă inegalitate în posibilități și deci și în rezultate. Nu toată lumea are acces la aceleași facilități și la sumele mari necesare pentru succesul în domeniu. Nu toți copiii au părinți sau îngrijitori cu suficiente venituri încât să dedice oră după oră, zi după zi sacrificiului necesar pentru a concura. Nu toate țările au același interes cultural pentru anumite sporturi. Cât despre biologia fundamentală, sportul nu este nici pe departe un egalizator universal bazat numai pe priceperea dobândită prin exercițiu și sudoarea frunții, ci o activitate influențată enorm de caracteristici fizice înnăscute. Faptul este cum nu se poate mai evident: cei înalți au un avantaj la baschet, iar înălțimea este determinată în proporție copleșitoare de gene. Diferitele tipuri de constituție sunt adecvate pentru diverse sporturi, ba chiar pentru diverse poziții în același sport. Într-o echipă de rugby, pilierii cei mai de succes sunt construiți ca un dulap, în timp ce aripile, în mod tradițional, trebuie să fie jucători ușori și rapizi.

Acestea sunt trăsături influențate puternic de genetică; de aceea, când observăm dominația unui grup sau altuia într-un sport anume, trebuie să ne opunem tentației de a atribui avantajul originii ancestrale. În continuare, voi diseca două domenii sportive specifice în care a prins rădăcini ideea aceasta: sprintul și alergarea de cursă lungă. Mă voi referi cu precădere la competițiile masculine, pentru că există mai multe date despre sporturile masculine și fiziologia sportivă a bărbaților. În ce privește recordurile, timpii bărbaților la cursele de elită sunt mai scurți decât ai femeilor. Dar nu avem niciun motiv să credem că cele ce urmează nu se pot aplica și competițiilor feminine.

Dominația sportivilor negri în era modernă a alergării pe distanțe scurte a alimentat o convingere generală că persoanele cu origini africane, în special din Africa de Vest, sunt predispuse genetic la o fiziologie care le asigură un avantaj natural pentru sprint.

Negrii au ajuns să domine complet cursa masculină de 100 de metri de-abia în ultimii 40 de ani, dar opiniile fundamental rasiste despre aptitudinile fizice ale atleților negri sunt mult mai vechi. În 1936, James Cleveland Owens (cunoscut ca Jesse pentru că așa se pronunță în Alabama inițialele prenumelor sale) a repurtat una din cele mai mari reușite sportive din istorie, obținând aurul olimpic în cursele de 100 de metri, 200 de metri, în ștafeta de 4x100 de metri și la săritura în lungime. Mai mult, a făcut asta la Berlin, ceea ce l-a deranjat foarte tare pe Adolf Hitler, nevoit să asiste la inferioritatea ariană în fața victoriei negrului. Există o fotografie izbitoare cu clipele de după cursă, în care Jesse Owens salută steagul american de pe podium, înconjurat de mii de oameni care întind brațul drept în gestul nazist.

Satisfacția pe care ne-o provoacă victoria aceasta este umbrită de comentariile nimănui altuia decât antrenorul lui Owens, Dean Cromwell, care a declarat mai târziu: „Negrul excelează la anumite probe deoarece este mai apropiat de omul primitiv decât albul. Nu demult, capacitatea de a sprinta și de a sări era pentru el o chestiune de viață și de moarte în junglă".

Punerea succesului sportiv pe seama originii genealogice este un clișeu des întâlnit, dar se aplică inegal. La începutul secolului XX, finlandezii dominau fără echivoc alergările de cursă lungă. Se remarca atunci un superstar al atletismului modern timpuriu, Paavo Nurmi, care a câștigat nouă medalii de aur la trei ediții ale Jocurilor Olimpice și a stabilit 22 de recorduri mondiale. Jack Schumacher, scriitor german susținător al superiorității albilor în anii 1930, a folosit aproape exact același argument ca Dean Cromwell pentru a justifica dominația Finlandezilor Zburători, cum li se spunea: ar fi fost vorba de ceva înnăscut, nativ. În interpretarea lui, trăsătura aceasta era romanțată sub forma purității etnice înrădăcinate în terenul lor natural: „Nu încape îndoială că orice finlandez are alergarea în sânge [...] Nurmi și prietenii săi sunt precum niște animale în pădure [...] Timpii lor redutabili sunt o mulțumire înălțată Mamei Natură".

Pe de altă parte, încercările de a explica superioritatea din perioada modernă a atleților negri invocă altă cauză pentru selecția fizicului brut: sclavia. Argumentul acesta spune că forța și rezistența erau trăsături dezirabile la bărbații și femeile supuse sclaviei. Indivizii cu aceste caracteristici înnăscute ar fi prestat servicii apreciate, așa că ar fi fost păstrați, vânduți mai departe și recompensați. Așadar, trăiau mai mult și făceau mai mulți copii. Prin urmare, se presupune că o selecție nenaturală ar fi sporit preponderența acestor gene dătătoare de putere. În ianuarie 1988, un celebru comentator sportiv de fotbal american pe nume Jimmy Snyder spunea:

> „Negrul este mai bun la atletism din start, pentru că a fost selectat pentru asta [...] negrii sar mai sus și aleargă mai repede pentru că au coapsele mai mari. Și au fost selectați prin înmulțire pentru performanțe atletice mai bune încă din timpul Războiului Civil, când, pe vremea comerțului cu sclavi, proprietarul împerechea un negru mare cu o negresă mare ca să obțină un copil negru mare. De acolo a pornit totul!"

A doua zi, Snyder era concediat, după doisprezece ani de prezență pe canalul CBS.

Michael Johnson, unul din marii sprinteri ai perioadei moderne (și, dacă tot a venit vorba, concurentul meu preferat la atletism din toate timpurile) a spus ceva asemănător într-un documentar televizat înaintea Jocurilor Olimpice de la Londra din 2012. După ce a aflat prin testări genetice că are origini vest-africane și s-a documentat despre brutalitatea sclaviei transatlantice, a comentat:

> „Toată viața am crezut că am devenit atlet prin propria voință, dar e imposibil să crezi că a te trage din sclavi nu

lasă urme peste generații. Oricât de greu mi-a fost să aud asta, sclavia le-a dat un avantaj descendenților ca mine – cred că în noi se află o genă atletică superioară".

Argumentul este interesant și merită analizat. Chiar par să existe unele dovezi în sensul diferențelor genetice dintre afro-americani și africani. Printre deosebiri se numără frecvența mai mare a genelor care cresc riscul de hipertensiune, scleroză, cancere de prostată și vezică, și frecvența mai mică a alelelor care cauzează anemia falciformă. Nu s-a propus nicio explicație bazată pe selecție pentru proliferarea acestor gene asociate cu bolile, dar diferența dintre afro-americani și vest-africani s-ar putea explica pur și simplu prin amestecul cu europenii de la începutul sclaviei. Un mecanism plauzibil pentru împuținarea alelelor care provoacă anemia falciformă ar fi că malaria nu este endemică în multe zone din SUA unde au trăit negri supuși sclaviei, deși perioada de timp este prea scurtă pentru a explica diferența.

Sau ar putea fi la mijloc hazardul. Aceste deosebiri genetice nu vin neapărat din selecție. Se poate să reflecte pur și simplu faptul că afro-americanii au un alt istoric al migrațiilor față de africani, iar frecvențele diferite ale anumitor gene reflectă povești de viață diferite. Ideea că s-a produs o evoluție prin selecție artificială (nu naturală) care a favorizat în mod specific forța fizică are mai multe puncte slabe. Două-trei secole nu înseamnă prea mult la scară evoluționară; avem motive să presupunem că nu ar fi suficient timp ca genele respective să se fixeze într-o populație mixtă ca rezultat al selecției intenționate. Într-adevăr, un studiu din 2014 asupra ADN-ului a 29 141 de afro-americani în viață nu a găsit absolut niciun indiciu despre selecție în întreg genomul, pentru *nicio* trăsătură, din perioada de când strămoșii subiecților fuseseră luați din ținuturile africane de origine.

E adevărat că proprietarii de sclavi practicau uneori înmulțirea selectivă, dar nu uniform și nici consistent. Mai mult, în America existau mai multe feluri de sclavi – „negri de câmp" și „negrotei de casă", cum le spunea Malcolm X, iar pentru aceștia din urmă forța fizică nu ar fi constituit neapărat un avantaj selectiv. Mai mult, economia sclaviei nu era o industrie uniformă, deservită de un singur tip de șeptel uman. Mare parte din agricultura Sudului era dominată de cultura tutunului, care însă a lăsat loc în multe zone plantațiilor de bumbac. Acestea cereau mult mai puțin efort fizic și mult mai multă pricepere. Muncitorii puternici nu ar mai fi fost neapărat esențiali. Iar de programe de înmulțire selectivă special pentru viteză nu am auzit niciodată.

Să speculăm cu generozitate. Să spunem că selecția din perioada sclaviei chiar *ar face* diferența biologică prin care se explică succesul atletic disproporționat de mare al afro-americanilor în raport cu africanii. Să ignorăm lipsa de dovezi în acest sens la scara temporală a generațiilor; la fel și absența indiciilor despre selecție în genom, pe care am menționat-o mai sus. Să ne imaginăm că genele selectate influențează forța și rezistența fizică și că acestea, prin extensie, ar constitui un avantaj la probele de sprint, deși programele de înmulțire a sclavilor nu erau gândite să producă alergători rapizi. Atunci de ce la haltere domină est-europenii, care sunt absenți de pe podiumurile de sprint, când selecția pentru forță pe care ar fi aplicat-o sclavia s-ar potrivi perfect cu sportul acesta, mult mai mult decât cu sprintul? De ce domină afro-americanii clasamentele din box, dar nu și din wrestling? De ce un sport cum este squash-ul, care necesită și el energie explozivă și forță, este dominat de atleți din India, Pakistan, Egipt și Marea Britanie, și nu are niciun campion de origine africană? De ce nu există afro-americani pe podiumurile de sprint din ciclism?

Tenisul, la rândul său, cere putere și energie explozivă, și totuși persoanele de origine vest-africană sau de oriunde din Africa sunt în mare parte absente din acest sport al privilegiaților. Cele 23 de titluri de Grand Slam câștigate (plus încă șaisprezece la dublu) o afirmă pe Serena Williams drept unul din cei mai mari jucători de tenis din toate epocile – de fapt, unul din cei mai mari sportivi din toate timpurile. Este succesul ei rezultatul originilor? Da, într-un sens îngust: acela că presupusa ei compoziție genetică îi asigură o parte din avantaj. Dar întrebarea este alta: sunt originile caracteristica definitorie a succesului ei?

Faptul că o femeie neagră a ajuns în panteonul sporturilor reflectă, în parte, atenuarea prejudecăților și diversificarea posibilităților din era modernă. Să fii una din cele mai mari tenismene ale tuturor timpurilor, așa cum Usain Bolt este cel mai rapid alergător înregistrat, e o raritate stranie și minunată, prea puțin reprezentativă pentru oamenii obișnuiți. Este oare o raritate și din punct de vedere genetic?

În sprint există o realitate notabilă, orbitor de evidentă și etern ignorată. Sportivii afro-americani, caraibieni și afro-canadieni domină disciplina aceasta de 40 de ani și toți se trag din sclavi aduși din vestul Africii. De la declanșarea pistolului de start în cursa din 1980, nu au participat la finala olimpică de 100 de metri decât cinci bărbați albi, iar aurul și bronzul din competiția cu pricina sunt singurele medalii care n-au fost câștigate de negri. În aceeași perioadă, numărul de africani din finale este tot de cinci, iar numărul de medalii câștigate – două, ambele obținute de Frankie Fredericks din Namibia, țară care nu este considerată parte din Africa de Vest (ci din sud-vestul Africii); doar unul dintre cei cinci africani a înregistrat un timp sub 10 secunde. Conform datelor acestora, bărbații africani au același succes în acest sport ca cei albi. Comerțul transatlantic cu sclavi a importat milioane de femei și bărbați vest-africani și în America de Sud. Numărul de sud-americani, indiferent de origini, care au participat la finala olimpică de 100 de metri? Zero.

Ideea este următoarea: sprinterii de elită de la Jocurile Olimpice nu reprezintă un set de date din care un statistician să poată extrage o concluzie satisfăcătoare. Și totuși, tocmai pe setul acesta de date se bazează un stereotip extrem de popular. Ideea avantajului atletic al negrilor la sprint este extrasă dintr-o colecție de mostre extrem de nereprezentativă și cu erori majore, care, dată fiind relativa absență a sprinterilor vest-africani, nici măcar nu își susține ipoteza. Dacă persoanele cu strămoși din vestul Africii au un avantaj genetic, de ce există atât de puțini sprinteri de acolo, când nici sclavia nu explică diferența?

Firește, putem merge mai departe de simpla speculație a schimbărilor evoluționare și să evaluăm biologia moleculară a aptitudinilor fizice. Adevărata genetică a succesului sportiv este, cum era de așteptat, complexă. La fel ca în cazul oricărui comportament uman, și în fiziologia trăsăturilor fizice sunt implicați nenumărați factori: mărimea inimii, eficiența absorbției de oxigen (notată VO_2 max), recuperarea mușchilor după efort fizic sau leziuni, pragul lactat, adică valoarea de la care nivelurile de acid lactic cresc exploziv pentru că substanța se produce mai rapid decât o poate descompune corpul, iar asta duce la crampe musculare sau junghiuri. Toate acestea sunt fenomene relativ bine înțelese, cu bază genetică solidă. Alte trăsături fizice, ca flexibilitatea și coordonarea, sunt mai slab înțelese din perspectiva genetică. În cele din urmă, există și factorul psihologic - hotărâre, concentrare, perseverență, asumare de riscuri. Acestea, la fel ca toate trăsăturile comportamentale, au o bază genetică, dar sunt imens de complicate și foarte puțin înțelese (vezi partea a patra).

Iată încă o situație greu de descâlcit; să ne ocupăm deci de ce știm mai bine. Forța și rezistența fizică sunt dispuse la poli opuși în spectrul performanței musculare. Suntem conștienți de asta intuitiv: mulțimea atleților de elită din sporturi de anduranță și mulțimea sprinterilor nu se suprapun. Suntem conștienți de asta și genetic. Metoda contemporană de identificare a genelor implicate în calitățile atletice este să căutăm la sportivii de elită mutații de gene mai frecvent întâlnite la ei decât la restul populației. Pe baza acestor diferențe, putem deduce că respectivele gene sporesc performanța, dar fără să știm ce anume fac. Este o tehnică destul de obișnuită în genetică și dă roade. S-au identificat peste 150 de puncte individuale de diferență genetică în 83 de gene ale unor sportivi de elită, în cadrul a sute de studii, iar aproximativ trei cincimi dintre ele par să aibă legătură cu anduranța, iar restul cu forța.

Merită menționat că, la unii sportivi de elită din sporturile dominate de forță (rugby, caiac, wrestling) care au participat la teste, s-au identificat mutații de gene sub pragul de relevanță - altfel spus, nu se găseau mai frecvent la ei decât la restul populației. Rezultatul nu desființează ideea avantajului genetic în succesul sportiv, dar subliniază importanța factorilor non-genetici.

Așadar, întrebarea devine: multitudinea de mutații genetice identificate până acum care sunt asociate sportivilor de elită sunt segregate pe populații, etnii sau rase specifice?

Răspunsul este da. Și nu. Și poate. Celor mai multe din cele 150 de mutații nu le cunoaștem efectul, iar despre distribuția lor pe glob avem informații parțiale. În continuare mă voi apleca asupra a două dintre ele, ambele intens studiate, aparent importante și, de asemenea, folosite în multe afirmații fals științifice.

Mușchii se compun din fibre lungi, construite dintr-o mulțime de celule tubulare. Când flexezi bicepsul, toate celulele acelea intră în acțiune și se contractă la unison, strângându-se pe lungimea mușchiului pentru a îndoi antebrațul. Celulele mușchilor scheletului sunt de două tipuri: cu viteză mică și cu viteză mare de contracție. Cele dintâi procesează mai eficient oxigenul pentru generarea energiei necesare contracției, iar cele din urmă generează energia mai rapid. Așadar, celulele cu acțiune rapidă sunt mai utile când este nevoie de energie explozivă pe intervale scurte. Persoanele cu rezultate bune la sporturile care necesită energie explozivă tind să aibă un raport mai mare de celule musculare cu acțiune rapidă.

Genetica din spatele acestei distincții nu este prea bine înțeleasă, dar în mod cert implică o genă numită alfa-actinină-3 (*ACTN3*) care, ca toate genele, are mai multe versiuni (sau alele), fiecare subtil diferită. Două alele se corelează cu mare parte din diferența dintre un om rapid și unul lent, iar mutația rapidă se numește R577X.* Multe studii au arătat că atleții de elită în sporturi care necesită forță prezintă o probabilitate mai mare de a avea una sau două exemplare din tipul R în loc

---

* Să ne amintim că fiecare genă codează un șir de aminoacizi care compun o proteină și că omul are două exemplare din aproape toate genele. Mutația R577X înseamnă că o schimbare genetică la poziția 577 din proteină transformă aminoacidul aflat acolo din arginină (R) într-un codon de STOP (X), ceea ce produce o proteină ACTN3 mai scurtă în fibra musculară (n.a.).

de două exemplare din tipul X, care ar duce la mai puține celule cu viteză mică de contracție.

Așa cum descoperim invariabil în genetica modernă, genele au multe efecte și rareori li se pot atribui trăsături unice. *ACTN3* este numită de multe ori „gena vitezei", atât în presa populară, cât și în lucrări academice. Studiile mai arată și că alela R are un rol în reacția la antrenamentul de rezistență, în reducerea leziunilor musculare după exercițiu fizic intens și în scăderea riscului de accidentare, dar poate fi asociată cu flexibilitate redusă. Merită subliniat că, în ciuda unui interes pronunțat pentru gena aceasta din partea cercetătorilor și a geneticienilor din domeniul sportului, relația ei cu performanța nu este prea bine înțeleasă. Avem, totuși, unele date demografice și știm că distribuția persoanelor cu genotipul XX este neuniformă pe glob: îl au un sfert din asiatici, o cincime din americanii albi, un etiopian din zece, un afro-american din 25 și doar un kenyan din 100.

Așadar, prezența alelei R (într-unul sau două exemplare) este în mod cert mai mare la afro-americani în comparație cu americanii albi – 96% față de 80%. Cifrele sunt aproape identice pentru jamaicani. Diferența nu se apropie nici pe departe de discrepanța observată între sprinterii afro-americani și jamaicani, pe de o parte, și cei albi, pe de alta. Dacă totul s-ar rezuma la acea unică genă, ne-am putea aștepta să vedem cam șase sprinteri de elită negri la fiecare cinci albi.

Să luăm alt sport în care energia explozivă și viteza sunt un atu: baschetul. În Asociația Națională de Baschet din SUA (NBA), raportul de jucători negri față de cei albi s-a menținut constant în jur de 3:1 din anii 1990. Din nou, negrii sunt cu mult supra-reprezentați, dacă luăm alela R ca unic criteriu. Este o argumentare ultra-simplistă, pentru că, evident, în baschet sunt implicați mulți alți factori influențați de genetică, mai ales înălțimea. În alte sporturi, silueta ideală variază mai mult. În fotbalul american de elită, proporția de jucători negri este de circa 70%, dar, la fel ca la rugby, este vorba de un sport cu poziții foarte specializate, cu abilități și atribute fizice diferite. Jucătorii din linia ofensivă tind să fie masivi și puternici, alergătorii tind să aibă un fizic de sprinteri și majoritatea sunt negri. Dar în rândul jucătorilor de linie, americanii albi și negri sunt aproape egal reprezentați. Pe de altă parte, în poziția de centru din linie, albii sunt mai frecvent întâlniți decât negrii, cu un raport de 4:1. De ce? Nu știm, dar nu pare să aibă nimic de-a face cu genetica. În baseballul de Major League, un sport care presupune sprint și aruncări puternice, lovituri și din nou sprint, afro-americanii compun mai puțin de 10% din numărul jucătorilor.

Cifrele de mai sus nu au sens dacă luăm rasa biologică drept principiu călăuzitor, iar tiparele bazate pe etnie sunt foarte neconsistente și de la un sport la altul, și în cadrul aceluiași sport. În plus, deși alela R este distribuită diferit la fiecare populație, frecvența ei nu se potrivește cu raportul de sportivi de elită din diferite domenii.

Kenyenii și etiopienii iau cam două cincimi din medaliile la alergare pe distanțe medii și lungi de la Jocurile Olimpice, Campionatele Mondiale și Campionatele Mondiale de Cros. Din 2010, *toți* câștigătorii Maratonului Londrei, bărbați și femei, au fost ori kenyeni, ori etiopieni. Dominația celor două țări în alergarea de anduranță la cel mai înalt nivel este aproape absolută. De ce oare?

Așa cum se presupune că ascendența vest-africană este esențială pentru excelența în sprint, există și o convingere persistentă în rândul multora că ascendența est-africană este esențială pentru excelența în alergările de cursă lungă. Dată fiind specificitatea geografică a acestor elite, rezultă sugestia că succesul la alergare al est-africanilor are o bază evoluționară. Spre deosebire de falsa presupunere că selecția prin sclavie a determinat schimbările genetice necesare pentru forță, în cazul anduranței s-au vehiculat diverse idei, inclusiv faptul că strămoșii pastorali de pe platourile înalte din estul Africii au evoluat astfel ca să poată ține pasul cu turmele.

Forma corpului este unul din factorii implicați în succesul la alergarea de anduranță. Trupurile ușoare și subțiri disipă mai bine căldura, iar astfel de siluete abundă în estul Africii – probabil fiind adaptări la clima locală fierbinte (spre deosebire de forma tibetanilor sau a inuiților, care tind să fie mai scunzi și mai îndesați, pentru a reține mai bine căldura într-o climă rece). Genetica din spatele fiziologiei de anduranță este similară, dar nu identică cu încurcătura lui *ACTN3*. Gena cel mai intens studiată în raport cu sporturile de anduranță codează o proteină pe nume enzima de conversie a angiotensinei, sau ACE. Aceasta se găsește pe suprafața celulelor din plămâni, rinichi, testicule și alte țesuturi și are rol în sistemul organismului de reglare a tensiunii vasculare, contribuind la controlul volumului de apă care intră și iese din celule. Gena *ACE* are două alele principale, dintre care uneia îi lipsește o bucată de ADN (și este numită D; versiunea mai lungă este I). Ambele versiuni funcționează, dar forma D cauzează o creștere mai rapidă a tensiunii vasculare. Persoanele cu forma I au o absorbție mai bună a oxigenului și un ritm cardiac maxim mai mare. Într-o meta-analiză a 366 de studii (adică una care agregă mai multe studii pentru a spori puterea statistică), s-a constatat frecvența mult mai mare a două alele I ale genei *ACE* la atleții de anduranță în comparație cu combinațiile ID sau DD.

În mod previzibil, mutația *ACE* II este prezentă într-un număr mare de atleți de elită din Kenya și Etiopia. Nu este de mirare, pentru că la evaluarea genei *ACE* în studii comparative între alergătorii de elită etiopieni și kenyeni și non-atleții din aceleași țări nu s-a observat nicio diferență, ceea ce înseamnă că în estul Africii este o caracteristică genetică națională, care nu ține cont de activitatea sportivă.

La o cercetare mai atentă se dovedește însă că întrebarea nu este prea relevantă, pentru că populațiile în care apar alergători de anduranță de elită sunt mult mai limitate. În fapt, demografia specifică a succesului din cele două țări este incredibil de precisă. În Etiopia, majoritatea atleților de talie internațională vin din districtele Arsi și Shewa. În cazul kenyenilor, e vorba de grupul lingvistico-etnic kalenjin, distins prin numele de familie care încep cu „Kip-", ca marii alergători Moses Kiptanui, Helah Kiprop, Wilson Kipsang Kiprotich și Eliud Kipchoge, cel din urmă devenind, în octombrie 2019, primul om care a terminat maratonul în mai puțin de două ore. De fapt, limitarea este și mai specifică: dintre kalenjin, sub-tribul Nandi are un succes disproporționat de mare. Nandi și Arsi sunt districte montane din Valea Marelui Rift, la peste 2 000 de metri peste nivelul mării.

Genul de fiziologie care funcționează bine la altitudini mari este un avantaj în sport. La înălțime este mai puțin oxigen în aer, deci dacă îi poți face față vei avea un avantaj în competițiile de la nivelul mării; acolo nivelul oxigenului este mai mare și vei putea pompa energie în mușchi cu mai multă eficiență. Traiul și antrenamentul la altitudine sunt, deci, utile în succesul atletic – sportivii se obișnuiesc să facă efort cu un aport mai mic de oxigen, apoi au un plus de energie la nivelul mării. În ce privește ascendența, o populație care trăiește de generații la altitudini mari poate fi o condiție necesară, dar nu și suficientă pentru explicarea succesului în atletism. Dacă ar fi așa, ne-am aștepta să vedem mari alergători din Mexic, Anzi și Tibet. Suprafețe mari din America de Sud, Asia Centrală și Mexic se află și ele la mai mult de 2 000 de metri înălțime.

Zonele respective nu au însă o cultură a alergării. Or, în asta stă o diferență esențială. În Kenya și Etiopia, alergarea este o industrie. Antrenorii de succes, susținuți de reușitele unor alergători celebri, au înființat tabere de pregătire intensivă bazate pe o tradiție a succesului. Orașul montan Bekoji din Etiopia, cu o populație de 16 000 de locuitori, a dat zece medalii la Jocurile Olimpice și cincisprezece recorduri mondiale. Dacă ar exista un fenomen echivalent în insulele britanice, ar fi ca și cum toți medaliații noștri cu aurul olimpic la atletism în ultimii cincisprezece ani ar veni din târgușorul Ramsbottom, comitatul Lancashire.* În Kenya, același lucru se întâmplă în orășelul Iten: antrenament intensiv, expert și foarte specializat pentru un număr mare de atleți motivați, care își doresc cu disperare să fie următorul candidat la doborârea recordului mondial. Unii au propus ideea că această tradiție își are originile, în parte, în colonialism, perioadă în care influența misionară și militară încuraja exercițiul fizic. Poate argumentul nu este nefondat, dar alergători celebri precum Kipchoge Keino (aurul la 1 500 de metri, 1968, Mexic) și Haile Gebrselassie (aurul la 10 000 de metri, 1996, Atlanta) au transformat cultura alergării în comunitățile lor de origine.

La fel ca în toate sporturile, motivația de a te antrena din greu și a face parte din cultura alergării ține și de răsplata

* Chiar există un echivalent real în sportul britanic care ilustrează aceeași situație, dar cu ceva mai puțină popularitate. Cei mai buni jucători de tenis de masă pe care i-a dat vreodată Marea Britanie au venit de pe aceeași stradă din orașul Reading. Au oare ceva special locuitorii din Reading? Nu, dar acolo se afla un club foarte bun de tenis de masă (n.a.).

succesului. Campionii câștigă bine și devin celebrități. Căutătorii de talente internaționali bat cantonamentele ca să descopere noi superstaruri. În încercarea de a explica supremația alergătorilor kenyeni și etiopieni, un studiu din 2012 a conchis că, pe lângă alela *ACE* II, siluetă, eficiența metabolică, antrenamentul intensiv (în special traiul și pregătirea la altitudine mare), se remarcă și o puternică „motivație psihologică de a reuși în atletism, în scopul progresului economic și social".

Genetica est-africanilor este importantă, dar nu neobișnuită, nici la nivel național, nici la cel internațional. Un studiu efectuat pe 1 366 de persoane din Londra a arătat că frecvența alelelor I și D ale genei *ACE* era aceeași la persoanele de origine europeană și africană, dar că proporția de sud-asiatici cu două alele I era mult mai mare.

Așa cum *ACTN3* nu este o genă a vitezei, nici *ACE* nu este o genă a anduranței. Simplificările acestea exagerate ale biochimiei trădează nu numai complexitatea rolurilor pe care le îndeplinesc cele două în organismul nostru, ci și cât de mult sau de puțin știm despre funcțiile respective. „Necesar, dar nu suficient" este o expresie pe care geneticienilor le place s-o folosească des. Nu există motive să presupunem că mutațiile de *ACE* și *ACTN3* care formează o parte din baza abilităților atletice de elită ar fi unice africanilor sau persoanelor de origine africană recentă. Sunt celulele musculare cu acțiune rapidă mai comune în rândul sprinterilor? Da. Sunt mai comune în rândul vest-africanilor? Posibil. Sunt mai comune în rândul afro-americanilor? Poate cu puțin mai multe. Se întâlnesc doar la africani? Nu. Te face alela RR a genei *ACTN3* sau alela II a genei *ACE* să alergi mai repede? Nu: la atleții de elită, par să fie necesare, dar nu suficiente pentru succesul în sport. Diferența de succes mediat regional stă în cultură. Dominația absolută a alergătorilor de cursă lungă finlandezi în prima jumătate a secolului XX a luat sfârșit pentru că s-a destrămat cultura locală a alergării. Dominația actuală a kenyenilor și etiopienilor în alergarea pe distanțe lungi și a descendenților sclavilor din Americi în probele de sprint vine din faptul că au culturi și personalități reprezentative ale supremației totale în domeniu.

Aceste două gene au fost studiate extraordinar de atent, mai ales pentru că în sport circulă sume mari de bani și pentru că este interesant să înțelegem succesul sportiv. La fel ca în cazul kiturilor de testare genetică a ascendenței disponibile pe piață, au apărut și multe companii care oferă teste comercializate direct către consumator pentru genele *ACE* și *ACTN3*, teoretic cu scopul de a orienta biologia de bază a tinerilor atleți către sporturi anume. Dar imprecizia cunoștințelor actuale despre genetică este atât de mare, încât Federația Internațională de Medicină Sportivă a identificat 39 de companii care oferă astfel de teste și a emis în 2015 o declarație prin care critica utilizarea lor:

> „Acordul general între cercetătorii geneticii legate de sport și activitatea fizică este că testele genetice nu pot juca niciun rol în identificarea talentelor sau prescrierea individualizată a unui antrenament care să maximizeze performanța [...] la stadiul actual al cunoștințelor, nu se recomandă aplicarea testelor genetice comerciale niciunui copil sau tânăr atlet pentru definirea regimului de antrenament sau identificarea indivizilor cu talent pentru atletism".

Aceasta este starea de fapt actuală în ce privește toți oamenii, indiferent de origini. Poate că se pot face predicții probabilistice legate de etnie și succesul în sporturi pe baza geneticii, dar ar fi vagi, în cel mai bun caz. Ca întotdeauna, genetica umană este la fel de complexă ca istoria umană, pentru că face parte din ea.

Există un pericol real să fetișizăm două gene din 20 000, într-un sens care să ne apropie din nou de o perspectivă esențialistă a sportului rasializat. Multe studii au arătat că versiunile de *ACTN3* și *ACE* întâlnite la atleții afro-americani și africani sunt departe de a fi unice, iar o lucrare din 2014 a conchis că acestea „nu explică pe deplin succesul sportivilor în cauză. Pare improbabil ca Africa să producă genotipuri unice, de negăsit în alte părți ale lumii". Chiar și cu toate avantajele genetice, trebuie să recunoaștem că prezența genelor potrivite este necesară, dar nici pe departe suficientă pentru a explica dominația unui grup oarecare de atleți în orice domeniu.

Sportul este un fenomen social și biologic complex, care, la fel ca orice activitate umană, include o contribuție semnificativă din partea naturii și a educației - adică pe de o parte genele, pe de alta tot restul. Afirmația că etnia biologică este mai importantă decât alți factori denotă efectiv un rasism nonșalant, nu în ultimul rând pentru că este practic imposibil să separăm toate elementele unei vieți de om și să cântărim ingredientele unei rețete de succes. Știința apelează la briciul lui Occam (sau principiul parcimoniei) pentru înțelegerea fenomenelor. Conform acestui concept, cea mai bună ipoteză este cea care necesită cele mai puține presupuneri. Pare un răspuns simplu, dar pentru a dovedi că motivul succesului sportiv stă în categoriile rasiale tradiționale este nevoie de mult mai multe explicații decât pentru situația următoare: există un oarecare avantaj genetic pentru reușita sportivă, care se va manifesta, în parte, sub forma unor caracteristici fizice care înclină balanța către succes. Determinarea precisă a acelui avantaj genetic este imposibilă, iar avantajul nu se aliniază câtuși de puțin cu rasele în accepțiunea lor populară.

Stereotipurile și miturile dau uneori impresia că sunt susținute de observațiile personale și tind să se bazeze pe o formă sau alta a esențialismului – ideea că diferența este determinată de un singur factor. Dar din punct de vedere sociologic, genul acesta de analize populare tinde să invoce prejudecăți adânci, de care se poate să nici nu fim conștienți, și un rasism structural continuu. Sociologii Matthew Hughey și Devon Goss au analizat sute de articole sportive din presă de-a lungul a unsprezece ani din secolul XXI și au observat că baza biologică rasială era o temă comună în descrierea succesului sportiv. La o comparație a referirilor la succes în rândul atleților negri și albi, abilitatea fizică înnăscută se întâlnea în mod tipic la descrierile sportivilor negri, în timp ce pentru sportivii albi cele mai frecvent invocate criterii pentru succes erau capacitatea intelectuală sau dedicația. Fixația pe genele individului în analiza succesului atletic spune că mediatorul succesului este biologia inerentă, nu efortul. Părtinirea noastră culturală spune răspicat: „Negrii sunt cu mușchii, albii sunt cu creierul".

Asocierea dintre trăsăturile fizice și rasă nu se limitează la sport, ci se manifestă și în sex. Există convingerea larg răspândită că bărbații cu origini africane recente au penisul mai mare decât cei din alte populații și că bărbații de origine est-asiatică au penisurile cele mai mici. Cea mai recentă și mai amplă meta-analiză (din 2014) nu a găsit, în rândul a peste 15 000 de bărbați, nicio dovadă că lungimea sau grosimea penisului s-ar corela cu vreo populație, categorie rasială sau etnie anume. O parte din rasismul persistent îndreptat în special asupra celor de origine africană se concentrează asupra corpului – trăsături fizice, forță, sexualitate – după cum ilustrează o capodoperă a filmului de groază, *Fugi!* (2017). Succesul este rareori atribuit intelectului sau hotărârii îndârjite. Este încă o reflexie a sentimentelor gânditorilor iluminiști care au creat pseudo-știința rasei; chiar și atributele pozitive determinate de rasă sunt aspecte ale unei evoluții inferioare.

Mai există și convingerea adânc împământenită că negrii excelează la anumite discipline de atletism pentru că acestea necesită foarte puțin echipament specializat – mitul cu iz de superioritate conform căruia alergătorii de cursă lungă africani s-au antrenat gonind până la școală sau au căpătat o tehnică bună fiindcă alergau desculți. Pentru a deveni alergător sau fotbalist de elită, nu trebuie decât să alergi sau să dai cu piciorul într-o minge. Iată încă o formă de rasism subtil, la fel de puțin susținută de fapte. Când au fost întrebați dacă povestea cu alergatul la școală este adevărată, majoritatea alergătorilor kenyeni de succes au spus că nu – ei merseseră la școală pe jos la pas sau cu autobuzul, la fel ca alți copii. Atleții de elită pe care îi vedem la Jocurile Olimpice sau la Campionatul Mondial FIFA au fost selectați atent de-a lungul multor ani, prin cele mai avansate programe de antrenament de pe planetă, pentru a ajunge la acel nivel de excelență. A sugera altceva nu este decât o formă nouă a ideii că o populație sau alta ar fi „mai aproape de natură" – absurdități.

Ce-i izbitor în toate încercările acestea cu tentă rasială de a explica avantajul sportiv este cât de contradictorii sunt. Avantajul genetic și deci fiziologic corespunzător succesului la sprint pare să nu aibă niciun impact asupra înotului pe distanțe scurte – echivalentul la înot olimpic al sprintului de

100 de metri este proba de 50 de metri liber. Din 1980, când au concurat ultimii albi în finala olimpică de 100 de metri alergare, la finala de 50 de metri liber a concurat un singur negru – Cullen Jones, care a obținut medalia de bronz pentru SUA în 2016. Unii au încercat să justifice absența negrilor din înot pretinzând că au oase mai dense și deci flotabilitate redusă. Nu există nicio dovadă în acest sens și, da, afirmația chiar este atât de ridicolă pe cât sună. Și totuși, este o idee atât de persistentă, încât am auzit-o chiar și de la prieteni negri. Ca paralelă a explicației esențialiste biologic pentru succesul sprinterilor dată de Jimmy Snyder în 1988, cu un an mai devreme, un alt prezentator sportiv, fostul jucător de baseball Al Campanis, afirma în populara emisiune americană de televiziune *Nightline* că motivul lipsei de reprezentare a negrilor la înot era „că nu plutesc la fel de ușor". La fel ca Snyder, Campanis a fost concediat a doua zi.

Pare o afirmație absurdă, dar factorul esențial pentru capacitatea de a înota este să înveți să înoți, nu cine știe ce factor biologic imaginar care te trage la fund. Conform autorității oficiale americane pentru înot, Swim USA, 70% dintre negrii din America nu știu să înoate. Un studiu din 2008 a identificat factorii care se corelează cel mai puternic cu această statistică, printre care: părinți și prieteni care nu știu să înoate, motive economice (orele de înot sunt rareori incluse în programa școlară, deci presupun costuri suplimentare), accesul la bazine și absența exemplelor celebre de înotători afro-americani.

Tendințele acestea sunt imposibil de separat de istoria rasistă a Americii. Chiar și după sfârșitul oficial al segregării, în 1964, bazinele de înot se construiau mai mult în zone locuite predominant de albi, iar accesul afro-americanilor la ele continua să fie restricționat. Mediul social și cultural are cea mai mare influență în lipsa aproape completă de reprezentare a afro-americanilor într-un sport care, în termeni de pură capacitate biologică, nu diferă prin nimic de cele în care ei domină podiumurile.

Consecința în lumea reală a acestui rasism structural și cultural este că rata mortalității prin înec la copii afro-americani cu vârste între cinci și paisprezece ani este de trei ori mai mare decât la copiii albi. Rasismul este literalmente letal.

Sportul este unul din reperele prin care măsurăm excelența fizică și psihologică a oamenilor din lumea întreagă. Dată fiind organizarea planetei în națiuni, atleții de elită își reprezintă țările, ne reprezintă pe noi. Este o arenă în care putem purta tot felul de bătălii, în care putem aduce tot felul de stereotipuri și prejudecăți. Știința de la baza succesului de top din orice sport este de o complexitate insondabilă, parțial pentru că e ca și cum ai încerca să dez-coci un chec, și parțial pentru că, deși ne reprezintă, sportivii de elită nu sunt ca majoritatea oamenilor. Fac lucruri pe care cei mai mulți dintre noi nu le pot face. Genetica trăsăturilor noastre fizice este și ea enorm de complexă. Ele reflectă diferențe individuale, diferențe între populații, adaptări regionale și, pe deasupra, ciudățenia istoriei umane.

Cu toate acestea, ne impunem toate speranțele, visurile și prejudecățile asupra atleților noștri de elită și printre ele se amestecă și prejudecăți culturale cu rădăcini adânci, iar de multe se poate să nu fim conștienți decât parțial. Pare posibil să alegi aproape orice argument, fie el rasist sau nu, și să-l susții cu ajutorul sportului. Cu date atât de limitate, astfel de poziții sunt aproape imposibil de apărat. Pe lângă valoarea de divertisment, sportul este o celebrare a extremelor capacităților umane. A-l reduce la simple trăsături biologice necâștigate este un act de rasism, fie el conștient sau nu. În schimbul faptului că aspiră la excelență, le datorăm atleților laude mai meritorii decât originile favorabile.

3

PARTEA A PATRA

Substanța albă

4

Iată câteva date. În craniul tău se află între 1,2 și 1,4 kg de țesut cărnos, ceea ce înseamnă că ai un creier mare. Nu avem cele mai mari creiere dintre animale, pentru că și ele cresc odată cu mărimea corpului, iar creierul uman este o nucă în comparație cu al unei balene albastre. Sunt mari pentru dimensiunile organismului nostru, dar furnicile și chițcanii au un raport creier/corp mult mai mare. Creierul nostru este înțesat de celule specializate aflate în cortex, unde sălășluiesc majoritatea funcțiilor noastre superioare, dar și ciorile au neuroni la fel de dens dispuși. Și totuși, oamenii sunt speciali și toată conștiința noastră, toate gândurile, imaginația și percepția universului se petrec în mormanul acela de materie gelatinoasă dintre urechi. Dar biologia elementară a creierelor noastre nu este fundamental diferită de a oricărui alt animal. Creierul face parte din organismul nostru, iar organismul nostru a evoluat sub auspiciile selecției naturale. Știm foarte bine că o parte din forma fizică a omului s-a adaptat la diferitele medii în care au trăit strămoșii noștri: pigmentație, regim alimentar, expunere la boli, altitudine față de nivelul mării – toate acestea ne-au modelat corpurile astfel încât să supraviețuim.

De vreme ce creierul face parte din organismul nostru, nu s-ar putea spune și că diversele abilități cognitive foarte reale manifestate de anumiți oameni sunt și ele rezultatul traiului în zone specifice, cu strămoși anume?

Când vine vorba de unele din metodele de măsurare a diferențelor cognitive între așa-numitele rase, cifrele sunt incontestabile: numărul de premii Nobel în științe obținute de evrei este, la data actuală, 144. Numărul acelorași premii obținute de negri este zero. Exact ca în sporturi, performanța de la extremele spectrului nu reflectă neapărat populația din care vin campionii. În cazul măsurătorii abilităților cognitive, de obicei căutăm media populației. Și acolo cifrele sunt la fel de edificatoare: conform anumitor studii, populațiile de negri de pe planetă au rezultate mai mici la testele IQ – diferența variază, conform estimărilor, între zece și cincisprezece puncte, în medie. Moștenirea inteligenței este poate cel mai controversat subiect din știință, iar când se combină cu studiul diferențelor între populații, al evoluției și al rasei, avem toți factorii pentru o furtună perfectă. Pentru cei care folosesc știința ca să-și justifice o opinie rasistă, observarea unor diferențe de performanță între grupuri în ce privește sarcinile cognitive pune capăt discuției. Pentru cei interesați de știință ca mecanism de căutare a adevărului, diferențele acestea sunt doar începutul.

S-a spus de multe ori că este un subiect tabu și că singurii care mai discută pe față despre rasă, inteligență și genetică sunt bravii cruciați care refuză să se plece în fața cenzurii intelectuale născute din negarea realității. Un clișeu adesea vehiculat afirmă că oamenii de știință „sacrifică adevărul pe altarul corectitudinii politice". Eu nu recunosc imaginea; în plus, de multe ori par să o invoce oameni care se pun pe ei înșiși în lumina aceasta măgulitoare a ereticului – căutătorii adevărului *versus* pervertitorii purității științifice. Polarizarea aceasta este hrănită de presa de largă circulație și de nișele online, care comasează frecvent idei în exprimări superficiale ce pun paie pe foc – „afișarea virtuții", „fulgișorii de zăpadă sensibili" și sloganuri fără sens ca „faptelor nu le pasă de sentimente", toate gândite să evoce senzația că se poartă un război cultural între o tabără care caută doar să scoată adevărul la lumină și o tabără care vrea să-l ascundă. Cu toate acestea, o căutare superficială de articole despre rasă și inteligență va dezlănțui un întreg torent. Nici vorbă de tabu, de subiect care, chipurile, încalcă principiile liberei exprimări: ne inundă discuțiile despre rasă și inteligență, așa cum s-a întâmplat de-a lungul aproape întregului secol XX. Amploarea acestui potop actual nu dă niciun semn de închipuitele cunoștințe interzise. Dimpotrivă, observăm un discurs popular și uneori academic încețoșat de complexitate, de factori derutanți și (conform exprimării elegante a lui Darwin) de ignoranță care naște încredere. La fel ca în zorii iluminiști ai rasismului, o arie de cercetare serioasă, complicată și în continuă dezvoltare este înregimentată și cooptată într-un câmp de bătălie politică.

Câmpul acesta se remarcă nu doar prin lupte ideologice, ci și printr-o geografie științifică destul de muntoasă – iar în prezent de-abia dacă am ajuns la dealurile submontane. Creierul este, poate, cel mai complex lucru din universul cunoscut, iar genomul este cel mai bogat set de date descoperit până acum. Așadar, era clar de la început că nu se pot găsi răspunsuri simple. Subiectul acesta are câteva probleme inerente. Prima este că genetica e năzuroasă și dificilă, iar noi de-abia începem s-o înțelegem. A doua este că măsurarea inteligenței este la rândul ei complicată și dificilă și, deși nu ducem lipsă de criterii, există multe controverse științifice despre volumele enorme de date. Mai este și faptul că rasa, așa cum e ea descrisă în mod colocvial, nu se reflectă precis în genomurile noastre, după cum am arătat în cartea de față. Așadar, o legătură între cele trei concepte numai precisă nu poate să fie: rasă și genetică, rasă și inteligență, inteligență și genetică. Nu se împacă prea bine. S-au scris pe temele acestea sute de cărți și mii de studii, timp de mai bine de un secol.

Controversa e alimentată de întrebări despre rasă și inteligență, inspirate adesea de comentarii rasiste făcute de personalități publice. James Watson, co-descoperitorul structurii de elice dublă a ADN-ului și campionul Proiectului Genomului Uman, a făcut comentarii rasiste în mod repetat de-a lungul anilor, atât în public, cât și în privat. Într-un interviu din 2007 a spus că are „o perspectivă inerent pesimistă asupra Africii", din motivul că „toate politicile noastre sociale sunt bazate pe faptul că inteligența lor ar fi la fel ca a noastră, în timp ce toate testele spun că nu prea e așa". Pe tema egalității raselor, a spus că „cei care trebuie să se descurce cu angajați negri observă că nu e adevărată". Într-una din cele trei ocazii în care l-am întâlnit, mi-a spus că mi se potrivește domeniul geneticii, pentru că „indienii sunt muncitori, chiar dacă nu au imaginație". Pe atunci lucram în domeniul științific de nouăsprezece ani.

Într-un documentar din 2018, Watson, deja bătrân și infirm, dădea semne că nu se răzgândise, deși și-a cerut scuze public în 2007 pentru comentariile respective.

E păcat că o viață punctată de reușite științifice cu adevărat monumentale intră în umbra unui ostracism autoimpus și ignorant. În 2019, laboratorul lui Watson de la Cold Spring Harbour i-a înlăturat toate titlurile rămase și portretul; la fel au făcut și alte laboratoare din lume. Piedestalul pe care și-l câștigase prin cercetările care au definit o epocă fusese erodat de vederile ignorante științific și de-a dreptul rasiste pe care le-a exprimat repetat. Geneticienii se săturaseră. Dar măsurile acestea au reaprins furia câtorva nume cu o fixație pentru problema rasei și a inteligenței, care au făcut din Watson un campion al celor persecutați pe nedrept, un om excomunicat din însuși domeniul la a cărui creație contribuise, pentru simplul fapt că a spus adevărul. Numai că nu era câtuși de puțin adevărul. Era o exprimare repetată a unui rasism destul de lipsit de originalitate, pe care i-l cunoșteau prea bine toți cei care îl întâlniseră: negrii sunt leneși, indienii sunt harnici, dar nu originali, evreii sunt superiori intelectual - vederi vehiculate cu nonșalanță în secolele al XIX-lea și al XVIII-lea, pe când se cimentau temeliile rasismului științific.

Perspectiva mea a fost și este că trebuie să fim capabili să recunoaștem și să omagiem marile reușite științifice și în același timp să condamnăm bigotismul, chiar dacă se manifestă în același individ. La fel ca Francis Galton, James Watson a fost un om de știință sclipitor și un rasist. Efectele politice ale comentariilor lui le pot comenta mai bine alții, dar rămâne supusă discuției afirmația aceasta anume a lui din 2018, împărtășită de mulți alții: „Există o diferență între rezultatele în medie ale negrilor și ale albilor la testele IQ. Aș spune că diferența este genetică".

Avea dreptate? Pentru a analiza statisticile fruste ale abilităților cognitive raportate la rasă, trebuie să încercăm să înțelegem cum a fost evaluată inteligența în ultimul secol și ce *înseamnă* ea de fapt. Mai trebuie și să cercetăm nivelul actual de înțelegere a relației dintre inteligență și genetică.

Sunt ape înșelătoare. Inteligența nu este un lucru ușor de definit. Abilitățile cognitive acoperă o gamă largă de comportamente, dar tind să reflecte priceperea în raționamente, rezolvare de probleme, gândire abstractă, capacitate de învățare, înțelegerea ideilor și așa mai departe. Vorbim despre inteligența umană, deci mergem mai departe de sensul larg al inteligenței, care înseamnă aproximativ *să faci lucrul potrivit la momentul potrivit* și care se poate aplica și altor animale. Albinele și furnicile au tot felul de comportamente adaptate pentru rezolvarea problemelor, de la dansul navigațional la îngrijirea morților și creșterea de ciuperci hrănitoare pe frunze atent cultivate. Obiectiv vorbind, albinele se pricep mai bine decât noi să facă miere. Dar la testele IQ se descurcă dezastruos.

Abilitățile cognitive, ca aproape oricare altă trăsătură umană, nu sunt distribuite uniform în populație: oricum le-am măsura, unii oameni sunt mai inteligenți decât alții. Evaluarea cea mai frecvent citată și mai cunoscută este coeficientul de inteligență, sau IQ-ul. Vorbim de un test și un criteriu de măsurare vechi de mai bine de un secol și, deși evaluările nu se fac la fel cum se făceau în forma originală din 1912, există mai multe versiuni, standardizate pentru a include teste de raționament, cunoștințe, viteză de procesare mintală și abilitate spațială. Într-un test tipic apar seturi de forme în grile de câte nouă, în care pe fiecare rând se schimbă o parte a formei din serie, iar al nouălea pătrat este gol și trebuie completat din câteva răspunsuri propuse. Există și alte teste de raționament, în care ți se poate cere să rezolvi probleme logice:

> Alice are șaisprezece ani și este de patru ori mai mare decât Ben; câți ani va avea Alice când „Ben va avea jumătate din vârsta ei?”*

* 24 (n.a.).

Mai sunt și testele de analiză spațială, în care trebuie să-ți imaginezi rotirea unui obiect tridimensional și să alegi forma corectă din variantele propuse.*

Sunt fiu de psiholog și am făcut astfel de teste de nici nu mai știu câte ori. De-a lungul anilor, am extras din ele fără îndoială și cu mare efort o concluzie: că sunt foarte plictisitoare. Ce-i drept, nu e o analiză prea rafinată, dar există mulți critici serioși ai IQ-ului, care aduc argumente diverse împotriva lui, cu grade diferite de validitate. Câteva critici frecvente împotriva IQ-ului sunt că testele sunt părtinitoare cultural sau că nu apreciază inteligența practică sau creativitatea. Un alt argument desființează IQ-ul ca fiind pur și simplu un scor care măsoară cât de bine se pricepe respondentul să rezolve teste IQ. Afirmația este, firește, adevărată în sens literal și îngust, dar nu foarte pătrunzătoare. Proba de 100 de metri sprint ne spune doar cât de bun este cineva la alergarea pe distanța respectivă la viteza maximă de care este în stare. Proba practică pentru examenul de conducere evaluează doar dacă ești suficient de competent la condus cât să ți se permită legal să-l practici. Nu îți măsoară priceperea la mersul pe bicicletă și nici dacă ai potențialul de a deveni campion de Formula 1. Este mai ușor să măsori un lucru decât să înțelegi ce anume măsori. Dar asta nu desființează măsurătoarea în sine, atât timp cât este făcută cu corectitudine.

Toate criticile de mai sus sunt adevărate într-o oarecare măsură, dar nu sunt revelații secrete: psihologii sunt puternic conștienți de limitările acestea, iar testele moderne sunt gândite în consecință, deși nu perfect. Testele IQ chiar sunt

---

* Atenție la testele IQ online, care uneori se pot parcurge gratuit, dar care cer o plată sau înregistrarea cu adresa de e-mail pentru descărcarea scorului. În general nu sunt nici foarte robuste, nici valide științific (n.a.).

părtinitoare cultural, dar asta nu înseamnă că datele pe care le generează sunt invalide.

O altă critică invocată frecvent este că un singur criteriu de măsurare nu este suficient pentru evaluarea unui set de comportamente enorm de complex, compus dintr-o multitudine de factori. Același lucru se poate spune și despre proba de 100 de metri. Rezultatul este o simplă cifră, care nu spune cât s-a antrenat sportivul, cu ce gene s-a născut, de când practică alergarea și o mulțime alte lucruri legate de abilitățile fizice și psihologice. Dar criteriul acela unic se va corela foarte bine cu ceilalți factori și cu alții: putem face tot felul de predicții pe baza vitezei sportivului. Un timp sub zece secunde se va corela foarte strâns cu un atlet profesionist, care se antrenează de mult, are o probabilitate ridicată de a avea gene asociate cu energia explozivă și un ritm cardiac scăzut. În prezent, prezice și descendența din persoane aduse din Africa în sclavie, pentru că majoritatea celor circa 140 de oameni care au înregistrat timpul respectiv au fost afro-americani (după cum am arătat în partea a treia, dar, firește, situația aceasta se poate schimba cu timpul). Cifra mai prezice și că persoana în cauză are două picioare, două brațe și nu fumează, pentru că niciun finalist din proba olimpică de 100 de metri nu a fost fumător și nu a avut mai puțin de patru membre, cel puțin la momentul competiției.

IQ-ul, indiferent ce anume măsoară, prezice cu mult mai mare precizie mult mai multe lucruri decât timpul înregistrat la proba de sprint, în primul rând pentru că IQ-ul a fost testat și cercetat timp de un secol în cadrul a mii de studii. Chiar și acest unic fapt îl califică drept criteriu de măsură util. Cum se întâmplă de multe ori în știință, IQ-ul este foarte valoros în analiza populațiilor și mai puțin folositor la analiza indivizilor. Stephen Hawking, care nu are reputație de tolomac cu rumeguș în loc de creier, a fost întrebat în 2004 ce IQ are și a răspuns: „Numai ratații se laudă cu IQ-ul". Fostul președinte american Trump, pe de altă parte, vorbea frecvent despre cât de mare îi e IQ-ul, ba chiar a declarat că îl depășește pe al ultimilor doi predecesori ai săi în respectiva funcție augustă. La acceptarea în organizații presupus prestigioase, ca Mensa, se folosește IQ-ul drept criteriu, dar sincer să fiu nu îmi pot imagina un grup de oameni mai puțin interesanți cu care să-ți petreci timpul. În istorie, IQ-ul a fost folosit în scopuri mult mai nocive decât primirea într-un club de lăudat reciproc, ceea ce explică, în mare parte, ostilitatea populară față de acest instrument științific valid. Testările IQ din SUA din prima jumătate a secolului XX s-au aplicat în cadrul evaluărilor pentru politici eugenice de stat, care au dus la sterilizarea forțată a peste 60 000 de indivizi.

Modul de procesare al rezultatelor este următorul: media este stabilită la 100 de puncte, iar gama IQ-ului în cadrul unei populații se încadrează în așa-numita „distribuție normală", adică o curbă-clopot. Cu alte cuvinte, există același număr de persoane cu rezultate peste 100 ca și cele cu rezultate sub 100, iar circa două treimi obțin plus sau minus cincisprezece puncte IQ în jurul mediei. Cam un om din 40 obține peste 130 sau sub 70. Dar IQ-ul nu rămâne același de-a lungul vieții: rezultatele tind să se stabilizeze cu vârsta, dar fluctuează enorm în adolescență. Se pot și îmbunătăți puțin prin exercițiu, mai ales când școlile adoptă diferite strategii de testare care oferă un avantaj la testele IQ standard. Nu e deloc surprinzător, pentru că acestea evaluează abilitățile actuale, care sunt dezvoltate, nu cine știe ce putere intelectuală înnăscută și imuabilă.

Mai mult, IQ-ul nu rămâne același în timp în cadrul aceleiași populații. Există un fenomen numit efectul Flynn.

Expertul în științe politice James Flynn a observat că IQ-ul a crescut în grupurile de testare, în medie, cu circa trei puncte pe deceniu începând din anii 1930. Explicația se poate găsi în mai mulți factori, printre care starea de sănătate mai bună, regimul alimentar îmbunătățit, creșterea nivelului de trai și de educație – dar au fost excluse schimbările genetice. Pentru că efectul se observă în multe locuri de pe glob și pe o perioadă de timp scurtă, este imposibil să se fi petrecut schimbări genetice substanțiale în cadrul aceleiași generații sau de la o generație la următoarea.

Observăm versiuni ale efectului Flynn și în alte activități umane. Atleții sunt mai performanți decât în trecut după aproape toate criteriile. Marea echipă australiană de crichet din care au făcut parte legende ca Don Bradman* ar fi zdrobită de echipa actuală de rezervă a Angliei dacă cele două s-ar întâlni la vârsta de performanță optimă. Sunt destul de sigur că echipa engleză de fotbal care a câștigat Cupa Mondială din 1966 ar face față cu greu confruntării cu cea mai bună echipă actuală din iubitul meu orășel Ipswich, care la data scrierii acestei cărți lâncezește în liga a treia națională. Să însemne asta că echipele sportive de azi sunt mai bune genetic? Nu substanțial, dar pe măsură ce sportul s-a dezvoltat, devenind mai serios și mai lucrativ, programele de antrenament, echipamentele, regimul alimentar, starea generală de sănătate și profesionalismul au colaborat pentru a crește standardele exploziv.

Valoarea IQ-ului pentru știință este incontestabilă. Se corelează bine, deși nu perfect, cu alte criterii de măsurare a abilităților cognitive folosite frecvent în studii științifice, ca reușitele academice (rezultatele la examene) și durata educației

---

* Deținător al mai multor recorduri mondiale încă nedepășite în crichet, activ în perioada de dinainte și de după al Doilea Război Mondial (n.t.).

(în ani de educație absolviți). Cei cu rezultate bune la testele IQ tind, în medie, să trăiască mai mult, să ia note mai bune la școală, să aibă mai mult succes la muncă și să câștige mai mult.

Când vine vorba de analiza scorurilor IQ de pe glob raportat la populații, imaginea este departe de a fi clară, dar există unele diferențe imposibil de contestat. Cele mai recente meta-analize sugerează că țările din Africa sub-sahariană tind să obțină scoruri între 80 și 90 de puncte,* în comparație cu standardele de IQ din Marea Britanie, deși rezultatele acestea nu sunt universal acceptate. Dacă datele sunt corecte, rezultatul este, evident, semnificativ mai slab. Interpretarea rezultatelor nu este deloc ușoară, iar factorii genetici, deși nu îi putem exclude complet, par improbabili dată fiind enorma diversitate genetică bine stabilită la ora actuală pe continent.

Mai degrabă factorii de mediu sunt cei care ar explica discrepanța. Țările în curs de dezvoltare au niveluri de trai mai scăzute decât cele dezvoltate și sisteme de învățământ, programe de sănătate și îngrijire medicală mai puțin eficiente. Astfel de lucruri nu sunt ușor de cuantificat, iar datele sunt puține și dispuse într-o medie nesatisfăcătoare între mai multe țări africane, care diferă mult. Dar unii cercetători ai IQ-ului

* Studii anterioare, mai ales cele efectuate de controversatul psiholog Richard Lynn, sugerau scoruri în medie mult mai scăzute în Africa, pe tot continentul, iar în unele țări rezultatele medii la nivelul întregii populații se situau chiar între 70 și 80 de puncte. Dar această concluzie a fost criticată pentru că a fost extrasă din date atent selectate, care au scăzut semnificativ mediile, fără vreo explicație reală a motivului pentru care studiile lui Lynn s-au bazat pe date atât de nesistematic alese. Lynn se situează în extrema dreaptă a spectrului politic și a luat cuvântul la conferințe de extremă dreaptă și la evenimente la care au fost invitați, printre alții, un fost Mare Vrăjitor Ku Klux Klan și alți naționaliști albi. Susține, de asemenea, secesiunea statelor americane pentru conservarea „civilizației albe". În principiu, am putea lua în considerare munca lui Lynn independent de vederile lui rasiste și aderarea la supremația albilor. Dar problemele legate de datele îndoielnice și alegerea părtinitoare a rezultatelor pun mare presiune pe credibilitatea lui ca om de știință. Se pare că, în 1994, Lynn ar fi declarat: „Aici nu se cere un genocid, uciderea populației culturilor incompetente. Dar trebuie să gândim realist cu privire la «eliminarea treptată» a popoarelor de acest fel [...] Progresul evoluționar înseamnă extincția celor mai puțin competenți" (n.a.).

au propus în mod credibil ideea că statutul socio-economic al multor țări din Africa sub-sahariană este asemănător cu al țărilor europene din prima jumătate a secolului XX. Mai mult, autorii celei mai mari meta-analize a IQ-ului în această regiune subliniază faptul că, dacă nu s-ar fi manifestat efectul Flynn în rândul olandezilor (de exemplu), IQ-ul național al Olandei ar fi la ora actuală același ca în deceniul 1950, adică în jur de 80 (față de cât este azi). În același fel, un alt studiu, deși nu universal acceptat, a estimat media națională a IQ-ului în Irlanda în anii 1970 la circa 85, în timp ce acum este de 100, la fel ca în Marea Britanie. Din nou, schimbarea, dacă este reală, s-a petrecut de la o generație la alta, deci genele nu pot fi factorul explicativ. Mai degrabă este vorba de schimbările socio-economice profunde petrecute în perioada aceea scurtă; s-au introdus îmbunătățiri și investiții majore în sănătate și învățământ, iar viața agricolă rurală a lăsat loc rapid unei culturi urbane mai bogate și mai complexe, cu acces la mass-media. Deci se poate argumenta în mod rezonabil că mare parte din presupusa discrepanță observată între unele țări africane și europene se poate atribui faptului că efectul Flynn nu s-a manifestat universal, ba chiar a lipsit, în mod semnificativ, din unele țări africane. Dacă printre factorii care au sporit media IQ-ului la unele populații se numără hrana, îngrijirile medicale și educația mai bune, este plauzibil că în unele părți din Africa acestea nu s-au ameliorat suficient încât să recupereze complet diferența. IQ-ul este un factor predictiv puternic al unor aspecte legate de calitatea vieții, așa că este important să înțelegem știința care stă la baza lui.

Învățăm din familie și moștenim gene de la părinți. Cei care locuiesc aproape de noi tind să fie mai îndeaproape înrudiți cu noi decât niște străini oarecare. Politicile sociale operează la nivel național, iar împreună acești factori îngustează influența geografică asupra transmiterii în timp a unei caracteristici umane date.

Inteligența se poate moșteni în mare parte. Este o afirmație aparent simplă, dar în spatele ei se află unele dintre cele mai grele și mai greșit înțelese studii științifice din câte s-au încercat până acum. În linii mari, înseamnă că o proporție importantă din diferența pe care o observăm între oameni se explică prin ADN. Înălțimea este o trăsătură mai simplă prin intermediul căreia putem înțelege ce înseamnă acest concept alunecos. În medie, oamenii înalți au copii înalți. Știm din studiile pe gemeni (și alte metode) că mare parte din diferența de înălțime din cadrul unei populații se bazează pe gene, nu pe mediu. Dacă am studia un grup în care cel mai înalt membru ar avea 2,10 metri, iar cel mai scund 1,50, ultimele studii arată că 55 de centimentri din diferența de 60 de centimetri dintre ei ar fi codați de ADN, iar restul ar fi o variație produsă de mediu – de exemplu regimul alimentar și nutriția. Asta nu înseamnă că știm care sunt genele în cauză sau ce fac, ci doar că acea variație este codată în ADN.

„Se poate moșteni" este o formulare nefericită, pentru că nu înseamnă ce pare să însemne. „Se poate moșteni" nu spune în ce măsură este o trăsătură definită genetic și în ce măsură se datorează mediului. Iată alt exemplu: să spunem că toți oamenii se nasc cu zece degete la mâini, câte cinci la fiecare. La naștere, nu există variație la numărul degetelor, ceea ce înseamnă că trăsătura aceasta este determinată în întregime de cauze înnăscute, genetice. Dar mulți adulți au mai puțin de zece degete, pentru că se poate să le fi pierdut în accidente. Așadar, variația numărului de degete la maturitate este determinată în întregime nu de gene, ci de mediu. Prin urmare, gradul în care se poate moșteni numărul degetelor la adulți este foarte mic, aproape de 0%.*

Am prezentat un caz extrem pentru a ilustra ideea, dar aproape toate trăsăturile se pot moșteni într-un grad sau altul. Abilitățile cognitive, indiferent cum le-am măsura, nu fac excepție: nivelul înnăscut al inteligenței se poate moșteni în mare măsură. *Tabula rasa* – ideea că ne naștem cu o minte goală pe care se înscriu mai târziu abilitățile și personalitățile noastre – nu este adevărată. Știm asta de zeci de ani. Estimările variază de la un studiu la altul, dar proporția de abilități cognitive care se pot atribui geneticii, nu altor factori, este undeva între 40 și 60%. Altfel spus, aproximativ jumătate din diferențele observate se explică prin deosebiri de ADN. Nu sunt descoperiri prea noi și nici prea controversate: nu ne naștem cu o minte goală – ci cu una care poartă un înscris incomplet în momentul concepției, marcat de ADN-ul strămoșilor.

Calculele despre abilitățile cognitive s-au făcut cu tehnici bazate pe cel mai util instrument experimental al naturii: gemenii. Gemenii identici au ADN (aproape) complet identic, așadar orice diferențe de comportament dintre ei trebuie puse pe seama mediului, nu a naturii. Gemenii identici separați la naștere sunt o altă versiune a acestui instrument, pentru că s-au format în familii diferite. Dar metodele acestea au limite și complicații – desigur, nu cât să le desființeze, dar trebuie luat notă de ele: gemenii separați la naștere tind să fie crescuți în familii din populații asemănătoare, din aceeași țară și, firește,

* De fapt, pentru că unii copii se nasc cu mai puțin sau mai mult de zece degete, unele astfel de schimbări pot fi cauzate de factori de mediu, de exemplu medicamentul numit thalidomidă, care a dus la nașterea unor copii cu un număr anormal de membre și degete la mâini și picioare. Pentru analogia noastră, concluzia este că gradul în care se poate moșteni numărul de degete este foarte scăzut, nu nedefinit (n.a.).

în același timp, ceea ce înseamnă că diferențele de mediu nu sunt radicale. Gemenii identici au de două ori mai mult ADN în comun decât frații și surorile obișnuite, dar pentru că și unii, și ceilalți au același mediu, gradul în care se moștenesc trăsăturile la gemenii identici nu este de două ori mai mare decât la frații și surorile ne-identice. Chiar și cu aceste neajunsuri și altele, studiile pe gemeni sunt un element valid și important din înțelegerea gradului de moștenire a inteligenței.

În era modernă, căutăm diferențele genetice propriu-zise care se corelează cu trăsături complexe. Putem scana genomurile a sute de mii de oameni în căutare de variații minuscule din codul genetic și în încercarea de a determina dacă par să se coreleze cu comportamente anume. Astfel de eforturi se numesc Genome Wide Association Studies (studii de asociere la nivel de genom), sau GWAS (pronunțat gi-uaz). De la inventarea și aplicarea lor în 2005, au devenit un instrument de bază al geneticii.

Marea revelație a Proiectului Genomului Uman a fost că nu avem prea multe gene care codează proteine; mai puține decât puricii de apă, viermii cilindrici sau bananele. Numărul de gene la om este de circa 20 000 (în funcție de cum le definim). Implicația e că modelul tradițional susținut de mulți geneticieni, „o genă pentru fiecare trăsătură", nu mai stătea în picioare. În locul lui, de cincisprezece ani construim un model nou al funcționării geneticii umane, iar o parte din revelație este că, de multe ori, genele individuale fac mai multe lucruri în organism în perioade diferite. Genele funcționează în rețele, în cascade, în ierarhii. Așadar, pentru trăsăturile care se pot rezuma printr-o valoare simplă – înălțimea, culoarea ochilor sau a pielii –, GWAS ne arată că avem câteva gene sau zeci ori chiar sute, care joacă un rol mic, dar cumulativ.

IQ-ul este un singur număr, dar inteligența nu este un singur lucru, iar componenta ei genetică în mod cert nu este o singură genă. Studiile cele mai recente identifică zeci de variante genetice care se corelează în masă cu rezultate mai bune la testele cognitive. Diferențele acestea se manifestă în gene pe care le avem cu toții, iar variația cumulată pare să fie cea care se corelează cu performanța la teste. Numărul de gene implicate va crește, probabil, pe măsură ce îmbunătățim rezoluția cu care putem analiza genomul și prelevăm tot mai multe mostre. Nu m-aș mira dacă numărul de variante genetice asociate cu abilitățile cognitive ar ajunge spre o mie sau chiar mai mult.

Cunoștințele recent dobândite ne spun că, adeseori, genele umane fac mai multe lucruri în mai multe țesuturi; cele implicate în metabolism pot fi active și în celule din alte țesuturi din corp. Având în vedere solicitarea metabolică intensă exercitată de cele 80 de miliarde de celule din creierul nostru atunci când gândim, facem lucruri sau pur și simplu ne menținem o identitate vie, nu este deloc de mirare că angrenează mii de gene.

Nu știm ce fac cele mai multe din ele, cel puțin la nivel de precizie moleculară. Nu știm nici cum ne afectează creierul sau comportamentul variațiile slabe apărute în ele. A-ul din GWAS vine de la asociere, ceea ce înseamnă că studiile dezvăluie corelații statistice, iar mecanica subiectului investigat rămâne necunoscută. Un GWAS înfige un steguleț pe harta genomului uman, care semnalizează că acolo se întâmplă ceva, dar nu știm ce. Necunoscutele acestea nu infirmă metoda și nici rezultatele – bisturiul este un instrument de precizie esențial pentru disecția unei inimi, dar nu îți spune ce înseamnă o electrocardiogramă. Se prea poate ca multe din diferențele observate în ADN să codeze schimbări subtile și nu foarte relevante în activitatea unei proteine.

Să luăm două versiuni ale Bibliei, traducerea în engleză King James (KJV) și Noua Traducere Internațională (NIV).* Sunt aceeași carte cu aceleași mesaje generale și aceleași povești, dar de multe ori grafia, cuvintele sau chiar întregi propoziții diferă, au fost editate sau omise. Unele schimbări sunt mărunte: în Geneza 4:24, în care este vorba de urmașii primilor oameni, KJV spune: „Cain va fi răzbunat de șapte ori, iar Lameh de șaptezeci de ori câte șapte", iar NIV spune: „Dacă de șapte ori va fi răzbunat Cain, Lameh va fi răzbunat de șaptezeci și șapte de ori". Unele schimbări sunt mai mari și, s-ar putea spune, mai importante: în NIV, Matei 20:16 spune: „Tot așa, cei din urmă vor fi cei dintâi, iar cei dintâi vor fi cei din urmă" și omite ultima parte a versetului, prezentă în KJV: „pentru că mulți sunt chemați, dar puțini sunt aleși". Experții în Biblie au păreri diferite despre sutele de diferențe dintre cele două versiuni – dacă sunt schimbări aduse traducerilor care modifică în mod considerabil sensul, dacă nu fac decât să simplifice textul sau dacă nu au nicio importanță. Dar prin simpla lor citire poți identifica versiunea Bibliei pe care o ai în față. Și GWAS face ceva asemănător: analizează textul genetic și calculează probabilitatea ca schimbările să corespundă unei anume trăsături umane.

De multe ori recurgem la analogia cu cărțile pentru a înțelege genetica: litere, cuvinte, propoziții, înțeles coerent, toate acestea sunt concepte comune biologiei și literaturii. Dar adevărul este că, la un asemenea nivel de complexitate în genetica umană, nicio analogie nu poate exprima abundența de date și puterea de procesare necesară pentru disecția ei științifică.

Totuși, este important să înțelegem genetica populațiilor în dezbaterile științifice despre rasă, deci țineți-vă bine: pro-

* Ilustrate aici cu Biblia Cornilescu (1924, rev. 2010, 2014) pentru KJV și Noua Traducere în Limba Română pentru NIV (n.t.).

mit să fiu succint. Pentru trăsăturile umane cu adevărat complexe, la care mii de diferențe minuscule par să aibă efecte mărunte, dar cumulative, agregarea lor ne ajută să cumulăm influența genetică. Metoda se numește scor de risc poligenic (PRS). Este un factor de măsurare care ne permite să estimăm baza genomică totală a unei trăsături: când rezultatul unui GWAS indică o mulțime de gene, este util să le totalizăm efectul. Este un instrument puternic și o completare valoroasă adusă panopliei omului de știință. Scorul poligenic ne ajută să înțelegem genetica oricărei trăsături umane, inclusiv a bolilor complexe, deși încă nu în suficient detaliu încât să se justifice o intervenție clinică.

GWAS și PRS sunt instrumente absolut sclipitoare, care au transformat complet domeniul geneticii umane. Asta nu înseamnă că sunt și infailibile și nici că sunt mereu cele mai potrivite. Scorurile poligenice afirmă cu tărie că inteligența se poate moșteni într-o populație. Dar instrumentul acesta nu este prea util pentru disecarea diferențelor *între* populații. Așadar, când vedem scoruri IQ diferite de la o populație la alta și știm că gradul în care se moștenește inteligența este mare (peste 50%), asta nu înseamnă neapărat că diversele variante de ADN explică deosebirile dintre populații. Ar fi perfect posibil ca două populații care nu au aceleași seturi de diferențe genetice să obțină aceleași scoruri IQ. Să revenim la înălțime, pentru că este mai ușor de măsurat și mai bine înțeleasă: numeroasele deosebiri din ADN care explică în oarecare măsură variația de înălțime observată în cadrul unei populații nu sunt gene *ale* înălțimii, ci doar *asociate* cu înălțimea. Nu știm ce fac aceste semnături genetice, dacă influențează înălțimea sau doar au o legătură fizică cu genele relevante pentru înălțime și sunt luate odată cu ele ca urmare a modului cum se segmentează ADN-ul când se formează spermatozoizii și ovulele. Nu știm nici dacă diferențele genetice depind de mediul local, care să determine fenotipul și să crească media de înălțime. Ne-am putea aștepta să observăm asocieri genetice diferite în Europa față de Japonia când e vorba de înălțime, dar fără să știm ce fac genele respective, nu ne putem da seama dacă s-au dezvoltat întâmplător, dacă sunt importante sau dacă chiar au un efect relevant în diferite medii, cu alimente sau obiceiuri alimentare diferite. La astfel de întrebări, tipul acesta de studiu genetic nu poate răspunde bine. GWAS sunt importante și puternice pentru identificarea genelor relevante într-o populație dată – dar nu și între populații.

Nu neg că ideile de mai sus sunt concepte dificile de tehnică științifică și analiză statistică. Dar sunt importante în discuțiile actuale despre inteligență și rasă. Ne dezvoltăm constant capacitatea de a analiza științific grupuri de oameni, iar instrumentele devin tot mai ușor de folosit. Asta nu înseamnă că sunt cele potrivite. Și oamenii de știință care studiază variațiile umane, și jurnaliștii, și cititorii trebuie să fie conștienți de riscul de a trage concluziile greșite din rezultatele corecte. De la apariția GWAS, multe rezultate au fost raportate în presă în mod colosal de greșit: corelații slabe prezentate drept cauze, de obicei sub forma „oamenii de știință au descoperit gena pentru X". Odată cu dezvoltarea scorului poligenic, venit să se adauge GWAS, riscăm noi supra-interpretări, sau erori de-a dreptul. În încercarea de a explica diferențele de inteligență, trebuie să ținem cont nu doar de limitele instrumentelor pe care le avem la dispoziție, ci și de motivele pe care le atribuim observațiilor noastre. În cazul specific al capacităților intelectuale, întrebarea este: diferența observată între populații a fost cauzată de evoluția biologică prin selecție – fie ea naturală, artificială sau de ambele feluri?

Să lăsăm la o parte greutățile zdrobitoare presupuse de definirea populațiilor drept distincte, separate, sau rase, după cum am discutat pe larg în paginile anterioare. „Negru" nu este un termen taxonomic care să descrie în mod util variația genomică, fenotipică și geografică observată la persoanele numite „negri", deși putem prezice cu un grad tot mai mare de certitudine de unde a venit o proporție din moștenirea genetică a unei persoane pe baza ADN-ului. Identificarea ca „evreu" este și ea un tip de grupare etnică și culturală și are o istorie neobișnuită, marcată de milenii de persecuții, mai multe diaspore și migrații forțate în Europa și dincolo de ea. Cei care se identifică din punct de vedere cultural drept evrei așkenazi au o semnătură genetică din care se poate presupune (deși nu exclusiv) ascendența evreiască.

În 1898, Mark Twain a scris un eseu pentru revista *Harper's* intitulat „Cu privire la evrei", în care conchidea:

> „Contribuțiile lui la lista mondială a marilor nume din literatură, știință, arte, muzică, finanțe, medicină și învățături absconse sunt și ele cu mult disproporționate față de cât de puțini îi sunt semenii. A purtat o luptă admirabilă în lume, de-a lungul epocilor; și a purtat-o cu mâinile legate la spate".

Cam o treime dintre evrei sunt așkenazi, grupul asociat cel mai adesea cu succesul în activități intelectuale și care compune cea mai mare proporție din evreii americani. În prezent trăiesc pe planetă circa unsprezece milioane de evrei așkenazi, dar istoria lor este departe de a fi clară. Au apărut în Europa Centrală în Evul Mediu, dar date și locuri mai specifice nu se pot determina. Migrațiile din Orientul Mijlociu înspre centrul Europei par să fi jucat un rol important în dezvoltarea evreilor așkenazi ca grup cultural distinct în cadrul iudaismului, mai ales în sudul Germaniei, Italia și Franța; în unele din aceste zone, în epoca medievală, erau obligați să poarte însemne galbene pentru identificare. Expulzarea din țările respective și din Britania a contribuit și ea la rătăcirea evreilor așkenazi spre est, în Polonia și Prusia. Vetrele acestea ale populațiilor evreiești au rămas relativ stabile; de acolo aveau să vină majoritatea celor șase milioane de evrei uciși sistematic în Holocaust. După genocidul de atunci, evreii așkenazi au migrat în multe țări, printre care SUA, Canada și Israel, unde reprezintă aproximativ jumătate din populația evreiască.

O parte din istoria aceasta neobișnuită cuprinde practici și restricții impuse evreilor de puterea locală, care le-au concentrat mare parte din cultura profesională pe domeniile afacerilor și comerțului. Faptul acesta, împreună cu un procent presupus ridicat de căsătorii în cadrul aceluiași grup social, constituie baza încercărilor de explicare a succesului intelectual constatat al evreilor așkenazi. Argumentația generală sugerează că selecția artificială a genelor corespunzătoare abilităților cognitive a fost îmbogățită de istoria atipică a evreilor și că această selecție genetică le explică reușita relativă. Prin urmare, se afirmă, au o predispoziție genetică nu doar pentru succes răsunător în abilități intelectuale de elită – un număr disproporționat de mare de laureați ai Premiului Nobel, maeștri ai șahului, violoniști de renume, matematicieni –, ci și într-un sens mai general. Conform unor studii, evreii obțin scoruri semnificativ mai mari la testele IQ, ceea ce reprezintă o medie de populație, mai degrabă decât rezultatele câtorva membri extraordinari ai comunității.

Antisemitismul există de mii de ani, iar asocierea evreilor cu îndeletnicirile intelectuale are și ea câteva secole, dar mare parte din discursul actual despre presupusele abilități cognitive înnăscute ale evreilor se bazează pe un singur studiu, efectuat în 2006. Într-o lucrare care a dobândit multă influență (și a atras multe critici), Gregory Cochran, Jason Hardy și Henry Harpending* sugerează că istoria evreilor așkenazi în Europa a avut efectul de a îmbogăți genele asociate cu intelectul.

Autorii propun un număr de factori unici istoriei evreilor (în special a celor așkenazi) care ar fi creat aceste condiții favorabile pentru selecția intelectuală. Printre ele se numără comportamentele sociale, ca endogamia, adică alegerea de parteneri predominant din rândul aceleiași comunități, care au generat un bazin genetic favorabil selecției naturale. În plus, „aveau ocupații în care un IQ ridicat este un avantaj puternic pentru succesul economic, spre deosebire de alte populații, compuse majoritar din țărani care cultivau pământul". Același studiu sugerează și „selecția prin persecuție" - cumva, actele de opresiune și tiranie au dus la supraviețuirea celui mai inteligent. Autorii, însă, specifică foarte clar în lucrare că nu pot explica modul în care ar funcționa astfel de efecte,

* Merită menționat că Henry Harpending era un antropolog foarte apreciat, cu o operă influentă și importantă. Dar spre sfârșitul vieții a căpătat o reputație controversată, nu doar din cauza acestui studiu. Uneori se asocia cu organizații de extremă dreaptă și făcea declarații care pot fi considerate rasiste. La o conferință din 2009 intitulată „Conservarea culturii occidentale", Harpending a declarat: „Când ne gândim la părinții sau bunicii noștri, dacă știm că s-au pensionat, ar putea sta liniștiți. Dar nici la pensie nu pot să stea pe canapea și să se relaxeze, trebuie să-și deschidă o afacere sau să le facă leagăne nepoților cu mâna lor [...] Niciodată n-am văzut așa ceva la un african. N-am văzut în Africa pe nimeni care să aibă un hobby. Lumea de acolo e altfel". Cercetările științifice publicate și revizuite de specialiști în domeniu trebuie luate, în principiu, separat față de opiniile personale - structura de elice dublă a ADN-ului rămâne adevărată, indiferent de puhoiul continuu de afirmații rasiste ale lui James Watson. Dar chiar și așa, alegerea domeniului de cercetare este categoric influențată de opiniile politice ale omului de știință, iar în cazul lui Harpending, la fel ca în lucrările îndoielnice științific și politic ale lui Richard Lynn, exprimarea unor vederi rasiste nu susține cauza neutralității în subiectele lui de cercetare (n.a.).

pentru că nu s-au observat la alte populații persecutate. Mi se pare foarte bizară includerea unor afirmații bazate pe presupunere într-un studiu științific. Ca răspuns la ipoteza că profesiile care presupun comerțul necesită un intelect dezvoltat, nu sunt conștient de nicio dovadă solidă că succesul în afaceri se corelează cu o inteligență situată semnificativ peste medie. Cochran *et al.* descriu împrumutul de bani și alte forme de comerț presupuse a fi apanajul evreilor „ocupații solicitante cognitiv" și spun că „nișa evreilor așkenazi necesita în mod foarte specific abilități contabile și administrative". Prezentarea afirmației acesteia drept dovadă, din nou, mi se pare dubioasă. Cămătăria în Evul Mediu nu e tocmai astrofizică și în nici un caz nu-i chirurgie medievală pe creier.

Aceleași voci citează factori biologici specifici și „efecte fiziologice care ar putea spori inteligența". În negura timpurilor, în 2006, știam mai puțin decât acum despre neuroștiințe și despre influența biochimiei celulelor asupra gândurilor și acțiunilor – dar nu chiar atât de puțin. Neuroștiințele sunt un domeniu foarte activ, dar adevărul este că în continuare nu ne este foarte clar ce legătură au creșterea și conectivitatea neuronilor cu cogniția. Dacă am reușit să te conving că genetica e năucitor de complicată, aplică lucrul acesta la dezvoltarea creierului fizic și la natura ezoterică a gândurilor și vei avea în față una din marile frontiere ale științei. Ideea afirmației este că unele gene cauzatoare de boli au efecte specifice asupra creșterii neuronilor, într-un mod care poate spori IQ-ul. Dar teoria aceasta reflectă o perspectivă profund simplistă asupra dezvoltării neurologice.

Speculația aceasta neurobiochimică a fost doar unul din argumente. Restul se bazau în mare parte pe rata mare a anumitor boli în rândul evreilor așkenazi, inclusiv afecțiuni ca boala Tay-Sachs, boala Gaucher și boala Niemann-Pick.* Modelul pe care îl copiază autorii vine de la anemia falciformă, o boală cumplită, care scurtează vieți. Este recesivă, adică nu o au decât cei care au moștenit două copii ale genei cu mutația, câte una de la fiecare părinte. Când se moștenește un singur exemplar din gena mutantă, se spune că persoana are trăsătura falciformă, care nu este nici pe departe la fel de gravă ca anemia falciformă, deși provoacă unele simptome asociate. Tulburarea este considerată adesea specifică negrilor și, prin urmare, exemplu de confirmare a existenței raselor prin biologie. Numai că nu este o deducție corectă. Trăsătura falciformă are efectul de a proteja de infecția cu malarie, dar prețul siguranței acesteia este o boală gravă. Existența ei corespunde nu cu etnia, ci cu distribuția geografică a malariei, pentru că cele două au evoluat în paralel. Într-adevăr, este comună la persoanele cu origini africane recente, dar numai la cele provenite din zone afectate de malarie, adică o felie din mijlocul continentului african. În același fel, boala și trăsătura falciformă se întâlnesc cu frecvență ridicată în Grecia, Turcia, Orientul Mijlociu și India, într-un tipar care se mulează pe zonele cu malarie.

Sugestia făcută de Cochran *et al.* este că prețul selecției favorabile a genelor implicate în performanța intelectuală este o frecvență ridicată a câtorva boli care pot avea efect important asupra creierului. Deoarece purtătorii genelor bolilor respective apar cu frecvență măsurabilă în populație fără a avea

---

* Boala Tay-Sachs este o afecțiune gravă, care cauzează moartea celulelor nervoase și pierderea, încă de la vârsta de sugar, a abilităților fizice ca auzul, târâtul sau rostogolitul pe o parte, cu rată mare de mortalitate infantilă. Boala Gaucher este un set de tulburări nonletale, dar complexe, care include probleme cu scheletul, convulsii puternice, dizabilități intelectuale și alte simptome. Niemann-Pick reprezintă un grup de boli grave, care cauzează instabilitatea mișcărilor voluntare (ataxia), vorbirea neclară (disartria), greutăți la înghițire și multe alte probleme neuromusculare (n.a.).

un efect semnificativ asupra bolilor, se sugerează că aceste mutații genetice fac dovada unei baze genetice a intelectului superior.

Autorii își consolidează argumentul sugerând că bolile așa-zis evreiești sunt cele legate de o categorie anume a biochimiei numită stocarea lizozomală. Tay-Sachs este o boală grea, letală la copii înainte de vârsta de trei ani, care produce o degenerare neurală rapidă. Primele cazuri identificate au fost din familii de evrei și, într-adevăr, apare cu frecvență ridicată la ei, dar nu exclusiv. Manifestarea ei a fost înăbușită, însă, prin consiliere genetică atentă și concertată din partea experților pentru categoriile cu risc ridicat, ceea ce a redus radical frecvența genelor care cauzează boala la evrei. Niemann-Pick cauzează moartea, de obicei, înainte de vârsta de optsprezece luni și provoacă și ea degenerări neurologice; dintre cele câteva variante ale bolii, una este cel mai des întâlnită la evreii așkenazi. Boala Gaucher este mult mai puțin gravă și poate avea un ușor efect neural; este relativ frecventă (dar nu exclusiv) în rândul evreilor.

Alte studii nu au descoperit niciun semn de selecție favorabilă pentru genele care cauzează aceste boli. Dimpotrivă, natura mutațiilor sugera așa-numitele evenimente fondatoare, adică mutații noi care se fixează într-o populație, nu în ultimul rând ca urmare a unui număr mai mare de căsătorii în rândul aceleiași familii. Este un fenomen comun în populațiile mici și izolate. Complexitatea argumentelor pro și contra posibilelor avantaje intelectuale ale acestor afecțiuni genetice anume creează un adevărat haos: diferite studii ba susțin selecția, ba contrazic selecția, susțin efectele fondatoare, sau blocajele genetice, sau deriva neutră – situație în care schimbările din ADN nu sunt nici benefice, nici dăunătoare. Cochran *et al.* sugerează că ar fi implicate și alte gene sau fragmente de ADN în promovarea creșterii neuronilor sau a dendritelor care îi conectează cu alte celule cerebrale.

La data scrierii lucrării, autorii nu cunoșteau un lucru pe care îl știm acum: anume că genele asociate cu capacitatea intelectuală sunt enorm de multe și au efecte foarte mici, dar cumulative – pixeli pe un ecran colosal. Dintre genele identificate până acum (și să nu uităm că, deși știm că sunt importante, nu știm ce fac și deci *de ce* sunt importante), multe se manifestă asupra creierului (ca mii de alte gene), deci se prea poate să aibă un efect direct asupra intelectului. Există baze de date cu sute de rezultate GWAS și mii de gene. Poți introduce o genă și cere bazei de date să listeze studiile care indică asocierea ei cu oricare din multele zeci de tipuri de trăsături, de la înălțime la mortalitate și caracteristicile oaselor, pe lângă cele cognitive și neurologice. Am verificat bazele de date actuale pentru genele cauzatoare de boli despre care spun Cochran *et al.* că ar determina selecția pozitivă pentru inteligența evreilor, pentru a vedea dacă, la data scrierii acestei cărți, erau asociate cu creierul sau abilitățile cognitive. Rezultatul? Negativ pentru toate.

Uneori, speculația este o componentă importantă a științei. Încercarea de a născoci o explicație pentru un fapt observat poate fi un mod productiv de a cizela o chestiune științifică în absența unor date explicative. Dar nu și în cazul acesta. Acest studiu anume are un ecou răsunător și continuă să obțină influență și să genereze discuții. A fost popularizat de Nicholas Wade, pe atunci editor științific la *The New York Times*, în mai multe articole și, mai târziu, într-o carte aproape universal ridiculizată de comunitatea geneticienilor ca fiind plină de erori și specioasă, dar aplaudată de rasiști. Jordan Peterson, psiholog celebru, a citat fără discernământ critic din lucrarea lui Cochran în februarie 2019, când a scris despre succesul disproporționat al evreilor în activități intelectuale.

Nu pretind să cunosc motivațiile celor care publică lucrări controversate, care nu rezistă la o investigație științifică nemiloasă. În opinia mea, studiul lui Cochran *et al.* poate da impresia că urmărește adevărul științific în pofida corectitudinii politice; dar se dovedește influențat politic și incorect și ca valoare de adevăr, și ca metodă științifică.

Impresia lui Mark Twain despre succesul disproporționat al evreilor pare adevărată, dar dacă este să-i căutăm o bază biologică în domenii culturale care necesită o minte ascuțită, cifrele nu mai au sens. Un număr enorm de virtuozi ai muzicii clasice, soliști, dirijori și interpreți din cele mai bune orchestre ale lumii sunt evrei. Mulți dintre marii violoniști au fost evrei: Yehudi Menuhin, Itzak Perlman, Isaac Stern, Jascha Heifetz, care se alătură lui Felix Mendelsohn, Gustav Mahler, Arnold Schoenberg, Leonard Bernstein, András Schiff, Daniel Barenboim și unei mulțimi de interpreți și compozitori. Talentul muzical este mai greu de exprimat printr-o singură valoare decât inteligența, deși, ca întotdeauna, și în el sunt implicați factori genetici și de mediu. Însă cifrele nu mint: nu există niciun mare compozitor de muzică clasică negru și doar foarte puțini membri negri în orchestrele de elită.*

Muzica clasică este dominată de albi, iar evreii au un succes disproporționat în această sferă. Dar jazzul a fost dominat,

* Este de observat, însă, că există puțini mari compozitori de muzică clasică în rândul femeilor și că nici în lista de mai sus nu se găsește vreo femeie. Genetic, femeile sunt mult mai diferite de bărbați decât negrii de albi. Să însemne că trebuie să atribuim raritatea aceasta absenței unui cromozom Y, sau e mai probabil ca explicația să fie că femeilor nu li s-a permis să ocupe astfel de funcții? (n.a.)

în istorie, de muzicieni negri. Să aibă jazzul ceva atât de inerent diferit de muzica orchestrală încât trebuie explicat prin diferențe biologice?

Nu, iar oamenii cu gândire logică nu ar folosi un asemenea argument. Dar există un mit bine cunoscut conform căruia negrii au abilități muzicale înnăscute - „au ritmul în sânge", cum spune stereotipul. Afirmația aceasta a unui talent înnăscut (codat, deci, în ADN) se prăbușește la prima adiere de vânt. Jazzul, la fel ca hip-hopul, este un gen muzical apărut, cel puțin în parte, ca subcultură revoluționară, separată și sfidătoare față de stilurile muzicale prevalent eurocentrice, dominate de americanii albi, ale perioadei. Ambele au dobândit o popularitate enormă și au ajuns, prin procese de tranziție, în cultura de masă, deși la început autoritățile se temeau de ele și le considerau periculoase. Ar fi incredibil de ușor să ilustrăm o corelație profundă și puternică între marii artiști ai hip-hopului și genele legate de pigmentație. Hip-hopul continuă să fie dominat în proporție copleșitoare de artiști negri, deși Eminem e și el destul de bun. Am putea efectua un GWAS în rândul rapperilor ca să găsim corelații cu genele asociate cu persoanele afro-americane. S-ar justifica atunci să credem că, cine știe cum, aptitudinea codată genetic pentru muzică se aplică doar stilurilor muzicale la care excelează negrii și nu la cele din care sunt absenți? Nu, pentru că asocierile genetice dintre aptitudinea muzicală și etnie nu se susțin, iar diferențele de reprezentare a unor populații în diferite stiluri muzicale nu pot fi decât un fenomen cultural.

Toate comportamentele umane sunt un amestec amețitor de gene și cultură, de biologie și istorie. Nu se știu suficiente despre genetică și abilitățile cognitive pentru a face afirmații definitive despre selecția evoluționară în favoarea unor gene care să accentueze cele mai rafinate și elegante valențe ale omenirii. Este posibil să existe o ușoară favorizare genetică în direcția aceea, deși datele recente o fac improbabilă și există foarte puține dovezi în sprijinul ei. Și totuși, pentru cei care pretind că nu fac decât să caute adevărul, ideea prezintă suficient interes încât să aibă parte de nesfârșită susținere. În ochii mei, devotamentul pentru astfel de speculații de genul „să sperăm că e așa" spune mai mult despre cei care le susțin cu atâta tenacitate decât despre evrei, negri sau orice alt grup etnic. Unii din oamenii de știință și ideologii cu fixații despre rasă chiar sunt rasiști; alții sunt pur și simplu porniți să contrazică sau sceptici convinși că au scos la lumină cine știe ce cunoștințe secrete, ascunse de o majoritate conspirativă.

Argumentul conform căruia manifestarea frecventă a unor afecțiuni legate de creier la evreii așkenazi ar explica îmbogățirea genelor care sporesc inteligența este o corelație de conjunctură foarte difuză și, în lumina datelor pe care le avem în prezent, poate fi abandonat. „Selecția prin persecuție" este și ea o simplă speculație nefondată și nu își are locul într-o lucrare științifică respectabilă. Sunt versiuni doar cu puțin mai rafinate ale greșelii evoluționare numite adaptaționism* – presupunerea că anumite comportamente umane se explică prin selecția naturală, nu prin întâmplare sau prin procese care nu sunt nici pozitive, nici negative, ci pur și simplu au survenit. În era genomicii, putem vedea efectiv părțile din genom unde a acționat selecția și există mutații specifice anumitor populații care indică selecția pozitivă a anumitor

* Sau „panglossianism", după personajul lui Voltaire care credea că totul are un motiv și deducea de aici că nasurile au forma pe care o au ca să putem purta ochelari pe ele și că avem două picioare pentru că forma bipedă este singura care se potrivește cu un pantalon bine croit (n.a.).

gene ca adaptări la mediul local. Pigmentația, regimul alimentar specific, rezistența la boli (de exemplu malaria) și alte trăsături sunt, în mod demonstrabil, adaptări locale care au contribuit la succesul omenirii în colonizarea lumii. Adaptaționismul este eronat pentru că, în multe cazuri, duce la ipoteze netestabile, dar atrăgătoare pentru că sună convingător la nivel superficial: negrii sunt sprinteri de succes ca urmare a selecției din epoca sclaviei; evreii sunt iuți la minte pentru că istoria persecuției le-a îmbogățit genele asociate cu creierul.

Dovezile selecției genelor cu efecte intelectuale la evrei sunt slabe. Nu este oare mai adecvată principiului parcimoniei științifice ipoteza că o cultură care prețuiește învățătura are mai multe șanse să producă învățați? Valoarea intelectuală imensă atribuită tradițiilor învățăturii talmudice în instituțiile educative numite ieșiva își are originea în Evul Mediu și continuă până în ziua de azi – fără egal, s-ar putea spune. La fel se întâmplă și într-o societate care pune mare preț pe alergarea de cursă lungă drept cale de reușită economică și culturală și care are deja alergători de mare succes: mulți le vor urma exemplul.

Acest atribut teoretic pozitiv – o istorie evoluționară care a încurajat succesul intelectual și comercial – constituie o parte importantă din standardul și stereotipurile cu vechime ale antisemitismului. Dar argumentul este presărat cu locuri comune antisemite neconfirmate de istorie. Cămătăria este un stereotip frecvent, nu în puțină măsură favorizat de Shylock al lui Shakespeare. De fapt, a fost o îndeletnicire extrem de limitată ca timp și spațiu în cultura evreiască din Europa, iar până la sfârșitul secolului al XV-lea dispăruse aproape complet din rândul populațiilor de evrei. Dar implicațiile speculației științifice a lui Cochran *et al.* este că priceperea în afaceri și în domeniul financiar în general a încurajat evoluția creierului evreilor.

În public se observă, la scară tot mai mare, val după val de antisemitism sumbru. Profanarea mormintelor evreiești și graffiti cu svastici au apărut în toată presa europeană în 2019. În 2018, adepții supremației albilor din Charlottesville au scandat „Nu ne iau locul evreii!" În Marea Britanie, în februarie 2019, șapte parlamentari au demisionat din Partidul Laburist, citând ca motiv principal faptul că liderii săi nu reușiseră să combată antisemitismul dezlănțuit din rândul membrilor. Pentru mulți susținători cu vechime ai partidului și pentru evrei, a devenit o problemă definitorie. La alegerile generale din luna decembrie a aceluiași an, laburiștii au pierdut la cea mai mare diferență din ultimii mai bine de 80 de ani. Antisemitismul este printre puținele forme de bigotism rasial care atacă o presupusă putere, ceea ce îi și favorizează, în parte, existența continuă în sfera gândirii de stânga. Dincolo de politicile acestea grotești, stereotipurile antisemitismului brodează pe tema puterii, bogăției, lăcomiei și influenței disproporționate, mai ales în media, comerț și politică. Presupusa bază evoluționară a succesului intelectual al evreilor nu face decât să încurajeze identificarea sistematică, istorică a evreilor ca entitate separată, diferită și puternică. Faptul că succesul disproporționat al evreilor este considerat înnăscut, rezultat din însăși evoluția existenței lor, poate fi folosit ca unealtă de izolare a lor ca inamici. Descrierea sa drept trăsătură asociată cu blestemul unei boli genetice nu este altceva decât o ficțiune neștiințifică.

Genetică, rasă, inteligență: alierea acestor concepte nu dă răspunsuri satisfăcătoare. Nici nu se suprapun informativ: variația genetică din cadrul populațiilor nu se potrivește cu descrierile populare ale raselor; apar variații enorme ale mediei scorurilor IQ între populații, țări și continente, dar explicația genetică a diferențelor nu stă în picioare; inteligența se poate moșteni, dar înțelegem prea puțin genetica ce stă la baza performanței cognitive. Există deosebiri genetice între populații și le putem măsura, dar nu știm ce fac. În studiile de până acum, natura acestor diferențe reflectă istorii ancestrale diferite, nu fenotipuri specifice.

Cele de mai sus nu sunt predispoziții de liberal, ci doar rezultatele datelor când li se aplică analiza științifică. Știința este întotdeauna provizorie și poate fi revizuită la descoperirea de fapte noi. Poate că în viitor se vor contura tipare cu ajutorul instrumentelor genomice tot mai precise pe care le inventăm, dar pare extrem de improbabil să cauzeze o răsturnare radicală a ceea ce înțelegem acum despre relația dintre rasă, genetică și inteligență.

Poate părea ciudat ca un genetician să încerce să minimizeze importanța genelor, dar realitatea este că suntem ființe sociale care și-au deversat o parte considerabilă a comportamentului din hardware-ul organismului în software-ul culturii, iar lucrul acesta nu este nicăieri mai vizibil decât în cazul inteligenței. Nu există niciun adevăr secret care așteaptă să fie dezvăluit, nicio mare conspirație a tăcerii în tagma geneticienilor. Oamenii se nasc diferiți, cu capacități și potențiale înnăscute diferite. Modul cum se grupează abilitățile acestea în și între populații nu se poate explica cu ușurință nici cu ajutorul biologiei fundamentale, nici cu ajutorul geneticii. După cea mai asiduă sondare a datelor de care suntem capabili, răspunsurile se află nu în ADN, ci în cultură.

Încheiere și recapitulare

Ne naștem cu diferențe codate în celulele organismului. Oamenii se nasc diferiți, arată diferit, se comportă diferit. Avem caracteristici înnăscute înscrise în ADN. Variază de la om la om și de la populație la populație. Dar, așa cum am văzut, felul în care tindem să vorbim despre rase nu se aliniază cu ce știm despre deosebirile înnăscute dintre oameni și populații. Genetica și istoria evoluționară a omenirii nu susțin conceptele legate de rasă, în accepțiunea lor tradițională sau colocvială. Iată o recapitulare a ideilor principale:

- **Variația între oameni este reală:** adaptările locale din trecutul nostru evoluționar explică mare parte din diferențele fizice observate la populațiile actuale, dar în niciun caz pe toate.
- **Dominația culorii pielii drept criteriu de clasificare rasială se bazează pe o pseudo-știință istorică** inventată predominant în anii dezvoltării imperiilor europene și ai expansiunii coloniale.
- **Caracteristicile fizice principale ale raselor nu sunt reprezentative pentru asemănările sau deosebirile generale între oameni și populații.**

- **Observăm o grupare geografică în linii mari a indivizilor și populațiilor pe baza unor markeri genetici testați**, dar limitele sunt imprecise, mai degrabă un spectru.
- **Ideile purității rasiale sunt anistorice și pseudo-științifice.** Oamenii se mută dintr-un loc în altul și se reproduc cu mult spor, iar amestecul între populații diferite, până atunci separate, este norma. De aceea are specia noastră atâta succes.
- **Diferențele genetice dintre populații nu explică diferențele de performanță academică, intelectuală, muzicală sau sportivă dintre aceleași populații.**
- **Rasa este o invenție socială. Ceea ce nu înseamnă că nu este validă sau importantă.** Oamenii sunt animale sociale, iar percepția despre semenii noștri are o importanță colosală. Faptul acesta înseamnă, însă, că taxonomia colocvială a raselor nu este confirmată de ceea ce înțelegem din biologia fundamentală, adică genetică și evoluție.

Odată, am intervievat un parapsiholog, un om care se ocupă de afirmații științifice aflate la baza unor fenomene presupus supranaturale. De-a lungul multor decenii, făcuse excursii în căutare de fantome prin case bântuite și alte locuri stranii, îndrumat de pretențiile unui public cu fiorul paranormalului. Dar în tot acest timp, nu văzuse nici măcar un singur spectru. Asta m-a făcut să mă întreb cât trebuie să treacă până să închizi capitolul, să spui „Am căutat și am tot căutat, dar nu găsesc nicio dovadă a existenței fantomelor". Unii oameni de știință par la fel de motivați să găsească o taxonomie rasială care să se confirme biologic. Fantomele nu există, bineînțeles, dar oamenii *sunt* diferiți unii de alții și, în linii mari, diferențele acestea generice au o distribuție geografică. Omul de știință trebuie să-și păstreze mintea deschisă, pentru că toate rezultatele sunt condiționale și supuse schimbării pe măsură ce devin disponibile mai multe date.

Cei obsedați de găsirea unor baze biologice ale deosebirilor rasiale par mai interesați de rasism decât de știință. Argumentele de pe canalele de socializare online par să angreneze persoane pentru care demonstrarea diferențelor genetice sau comportamentale ca bază a categoriilor genetice este pasiunea vieții lor; sunt oameni cărora animozitățile le dau forțe noi. Este un peisaj greu de străbătut, pentru că vasta majoritate a oamenilor de știință au abandonat validitatea științifică a conceptului de rasă de mulți ani și, prin urmare, foarte puțini cercetători ai geneticii studiază subiecte specific rasiale. Nu au mai rămas decât cei cu fixații, de parcă ei ar poseda vreo cunoaștere tainică, pe care noi, ceilalți, o îngropăm de ani buni din motive ideologice.

Din experiența mea, nu este așa. Știința este un proces revoluționar prin chintesența sa, unul care încearcă mereu să răstoarne ce a fost înainte. Dar revoluția ei este și profund conservatoare: înaintează centimetru cu centimetru, cioplind câte o așchie din starea actuală a cunoștințelor. Nu așteptăm vreo revelație enormă despre rasă și genetică, pentru că ceea ce știm deja explică mare parte din realitatea observată a variațiilor umane de pe planetă. În fizică, se cunoaște structura a mare parte din cosmos, iar când se va găsi materia întunecată în următorii câțiva ani, acest lucru ne va clătina lumea din temelii. Dar dintre milioanele de întrebări rămase despre natura biologică a omului, rasa nu este una deosebit de remarcabilă. Totuși, ca urmare a implicațiilor sociale ale politicii, oamenilor, istoriei și puterii, rămâne un subiect definitoriu al epocii noastre.

În principiu, știința ar trebui să fie lipsită de prejudecăți, iar noi ar trebui să ne ghidăm după date, nu după idei politice preconcepute. Am fost acuzat de multe ori că prezint distorsionat știința reală din motive de corectitudine politică, sau pentru că sunt de rasă mixtă. Am încercat să mențin cât de multă integritate științifică am putut în lunga mea carieră în genetică și să privesc datele cât mai sceptic, să le disec implicațiile ca un criminalist. Mă consider onest și cred că motivațiile mele sunt puse în slujba științei.

Dar nimeni nu este perfect. Și este important să ne dăm seama că, deși datele ar trebui, în principiu, să fie neutre, aproape niciodată nu sunt. Atâta vreme cât oamenii fac experimente, consemnează date și efectuează analize, știința riscă să fie tulburată de prejudecăți, fie ele explicite sau neobservate nici de omul de știință în cauză. Limbajul pe care îl folosim, mai ales în genetică, trădează uneori un rasism istoric popular, cu atât mai dăunător. Colectăm date de la populațiile care ne sunt accesibile și uităm să ținem cont de limitările acestor mostre, folosim un lexicon care consolidează grupări ordonate, dar nesusținute de istorie: „europeni", „caucazieni" și alți termeni cu care se identifică oamenii nu reprezintă neapărat originile și variația genetică din grupul respectiv. Și totuși, continuăm să-i acceptăm în literatura academică, iar rezultatul este o înrădăcinare și mai adâncă a termenilor istorici, cu concluzii posibil părtinitoare. Știința trebuie să fie pură și directă, or, oamenii nu sunt așa. Abordăm întrebările acestea cu secole de istorie în spate, istorie pe care cei mai mulți dintre noi o cunoaștem doar în mică parte, dar care ne-a influențat pe toți într-un fel sau altul.

Aducem omagiu faptului că știința este o strădanie bazată pe cunoștințe din trecut prin maxima care spune „vedem mai departe ridicându-ne pe umerii unor uriași". Dar trebuie să fim conștienți și de secolele de pseudo-știință proliferată de cei care au ținut frâiele puterii și pe ai căror umeri ne ridicăm, pentru că ideile lor au străbătut epocile și persistă în știința și societatea de azi, oricât de ofensatoare, perimate sau absurde ar fi. În mod ironic, toată știința geneticii umane a fost inițiată de rasiști într-o epocă a rasismului și a devenit domeniul care a demonstrat, mai mult decât oricare altul, falsitatea științifică a conceptului de rasă. Prin urmare, temeliile rasismului nu se pot trage din știință.

Acestea sunt dovezile care m-au adus la convingerea că rasa nu este un mod biologic util de a categorisi oamenii. În același timp, sunt conștient de diferențele dintre noi, în materie de trăsături fizice și comportamentale, și de faptul că aceste deosebiri sunt interesante. Ne spun multe despre istoria noastră, despre biologia de la bază și despre cultura noastră. Nu este deloc ușor să deosebești efectele naturii noastre de efectele educației pe care o primim. Pe măsură ce cercetăm tot mai aprofundat datele din ADN-ul nostru, devenim tot mai conștienți de complexitatea relațiilor dintre modurile de moștenire biologică și contribuția mediului în care se desfășoară acestea. Dar masa dovezilor spune în mod clar că variația umană reală nu corespunde cu descrierile tradiționale și colocviale ale raselor.

Oamenii de știință nu au, prin firea lor, înclinația de a-și exprima opinii politice în urma datelor obținute, oricât ar fi ele de pure sau de tulburi. Eu cred în libertatea absolută a cercetării academice. Consider că nu există subiecte sau întrebări care trebuie cenzurate în investigația științifică. Studiile asupra diferențelor biologice sunt uneori controversate și poate unii cercetători evită astfel de subiecte de teama urmărilor politice. Calitatea cercetărilor variază, mai ales cea a noilor studii asupra abilităților cognitive, devenite posibile cu ajutorul bazelor de date ADN enorme, aflate acum la îndemâna tuturor. Uneori, studiile acestea au prea puțină greutate statistică sau trag concluzii pe baza unor mostre prea mici ca să le susțină. Alteori, se folosesc instrumentele greșite pentru o ipoteză științifică. Este sarcina altor oameni de știință, de multe ori ocupați cu propriile subiecte de cercetare, fără legătură cu celelalte, să critice știința de proastă calitate; în același timp, internetul a făcut posibilă difuzarea rapidă și deschisă a conținutului, indiferent de integritatea și calitatea lor. Este un teren nou pe care învățăm să ne croim drum.

Dar oamenii de știință nu sunt decât o rotiță în mecanismul rasismului structural întrețesut cu societatea noastră. Numărul mic de cercetători de nișă care continuă să caute o bază biologică a rasei și extremiștii marginalizați, cum sunt naționaliștii albi, sunt inamici care merită combătuți, pentru că vocile lor riscă să normalizeze atitudinile rasiste în rândul publicului larg. Prejudecățile sunt parte firească din condiția umană și mare parte din știința care subminează biologia rasei are toate șansele să-ți contrazică experiența proprie, care se înscrie alături de mulțimea prejudecăților istorice întipărite în cultura noastră.

Înțelegerea greșită a geneticii și a genealogiei alimentează consolidarea rasismului. Este o problemă tipică științelor biologiei. Dacă un fizician ți-ar explica despre comportamentul quarcilor și legătura lui cu structura fundamentală a materiei, ai fi nevoit să ai încredere în ce-ți spune, deoarece complexitatea tărâmului cuantic este impenetrabilă pentru oameni, cu excepția câtorva specialiști, și se leagă prea puțin de experiența ta personală. În plus, ce motive ai avea să te îndoiești? Explicarea naturii materiei sau a spațiu-timpului nu are motivații politice sau prejudecăți.

Dar genetica umană suntem noi. Simțurile noastre, experiența noastră, cultura noastră determină felul în care ne gândim la semenii noștri. Se poate ca ideile acestea preconcepute să aibă motive evoluționare și psihologice - de exemplu, acela că ne-ar apăra pe noi și pe apropiații noștri de năvălitori porniți să ne omoare și să ne ia avutul. Iar la baza discuțiilor despre variațiile umane și rasă stau motivații politice clare. Se poate să fii un rasist care intenționează să persecute sau să înăbușe posibilul succes al oamenilor cu un arbore genealogic diferit de al tău. Sau se poate să fii un liberal care vrea să încurajeze egalitatea și, astfel, ești la fel de mulțumit să prezinți distorsionat ceea ce știm până acum.

Sau poate pur și simplu îți confirmi dezinvolt propriile prejudecăți și, ca urmare, adopți vederi rasiste. E mai ușor să te concentrezi pe un fenotip anume, de exemplu culoarea pielii, sau pe o genă anume, cum ar fi *ACTN3*, sau pe o cifră anume, ca IQ-ul, și să-ți atârni de ele toate prejudecățile (conștiente sau nu), decât să cercetezi realitatea mai profundă. E mai ușor să aplici argumente de genul „e evident" - cum ar fi cel că sclavia a creat atleți înnăscuți -, decât să recunoști că istoriile personale, evoluția și genetica sunt extrem de greu de descâlcit. Și nu încape îndoială că e al naibii de ușor să folosești noi tehnici genetice pentru a scoate tipare din date care par, la nivel superficial, să confirme stereotipuri, decât să aplici statistici de o dificultate dureroasă pentru a arăta că astfel de tipare nu au sens. Toate capcanele acestea triste au rădăcini în știință și demonstrează practici științifice invalide, dar sunt perspective frecvent întâlnite și la cei care nu au o fixație pentru găsirea de baze biologice ale raselor.

Observarea unor diferențe în orice domeniu luat drept parametru – sport, inteligență, abilități muzicale, culoarea pielii – constituie *începutul* cercetării științifice, nu finalul. Știința de calitate tinde să ne descâlcească observațiile, să stabilească starea de fapt așa cum este ea, nu cum o percepem noi, și să se apropie de adevăr, nu să-l afirme. De aceea termenii „rasism științific" sau „știința rasei" sunt improprii. Reprezintă domenii pseudo-științifice. Învățămintele geneticii contemporane sunt esențiale pentru a împiedica infiltrarea pseudo-științei și mai adânc în crăpăturile din societățile umane, unde amenință să ne dezbine tot mai mult.

Ne revine tuturor sarcina de a combate rasismul oriunde îl întâlnim, mai ales când apare mascat sau normalizat în stereotipuri și mituri, iar știința este o armă în lupta aceasta. Angela Davis, cercetătoare și activistă politic, spunea că „într-o societate rasistă nu este suficient să fii non-rasist; trebuie să fii anti-rasist".

Desigur, rasismul nu este greșit doar pentru că se bazează pe idei specioase din punct de vedere științific. Rasismul este greșit pentru că este un afront adus demnității umane. Drepturile omului și respectul la care are dreptul orice individ prin simplul fapt că este o persoană nu vin din biologie. Sunt drepturi umane. Ipotetic, dacă ar exista între populații diferențe genetice pe care nu le-am descoperit încă și dacă acestea ar corespunde cu definițiile populare date raselor, faptul că nu le-am găsit până acum înseamnă că sunt, în cel mai bun caz, infime. Dacă ar fi adevărate (și nu avem nicio dovadă în acest sens), ar avea asta vreun impact asupra modului în care trebuie să ne purtăm unii cu alții? Dacă știința ar arăta, cine știe cum, că există diferențe genetice care se suprapun pe accepțiunile noastre populare despre rase și că explică diferențele percepute de abilitate, asta ar justifica segregarea? Ai considera că oamenii au drepturi diferite dacă ar fi mai rapizi, mai inteligenți sau mai puternici ca urmare a ascendenței genetice?

Deosebirile închipuite între indivizi și populații au fost folosite de-a lungul timpului pentru a justifica cele mai crude acte din scurta noastră istorie. Prejudecățile învățate de la semenii noștri alimentează bigotismul care va supraviețui inevitabil. Important pentru știință este să recunoaștem și să studiem realitatea diversității biologice pentru a o înțelege și, prin urmare, pentru a-i evita denaturarea.

Rasele sunt reale pentru că le percepem noi. Rasismul este real pentru că îl practicăm noi. Nici rasa, nici rasismul nu au temelii științifice. Este de datoria noastră să luăm poziție împotriva deformării cercetărilor științifice, mai ales când sunt folosite pentru a justifica prejudecăți. Dacă ești rasist, cauți confruntarea cu lumânarea. Dar știința este aliata mea, nu a ta, iar confruntarea ta nu este doar cu mine, ci cu realitatea.

M

Mulțumiri

Oamenii următori m-au ajutat să-mi formulez ideile, fie direct, prin verificare științifică a primelor variante ale cărții, fie pur și simplu prin munca lor, și le sunt recunoscător fiecăruia dintre ei. Efortul le aparține lor, greșelile îmi aparțin mie: Andrew Chukwuemeka, Caroline Criado Perez, Caroline Dodds Pennock, Simon Fisher, Hannah Fry, Alex Garland, Ben Garrod, Natalie Haynes, Nina Jablonski, Steve Jeal și echipa de antrenori Elite U12 Old Alleynians, Greg Jenner, Steve Jones, Debbie Kennett, Tracy King, David Lammy, Alex Lathbridge, Tina Lasisi, Nathan Lents, Helen Lewis, Ana Paula Lloyd, William Mathew, Aoife McLysaght, Elspeth Merry-Price, Kevin Mitchell, David Olusoga, Aaron Panofsky, Robert Plomin, Danielle Posthuma, David Reich, Stuart Ritchie, Ananda Rutherford, David Rutherford, Aylwyn Scally, Francesca Stavrakapoulou, Adrian Timpson, Cathryn Townsend, Tupac Shakur, Lucy van Dorp, Tim Whitmarsh și Alun Williams. Le sunt Gradeosebit de îndatorat lui Jennifer Raff, Ewan Birney, Graham Coop, Mark Thomas, Jedidiah Carlson, Alice Roberts și Matthew Cobb, care au avut amabilitatea să îmi verifice cartea cu precizie de bisturiu. Ca întotdeauna, cei care îmi oferă posibilitatea să scriu într-un sens fundamental și îmi fac viața fericită au toți același nume de familie ca mine: Georgia, Beatrice, Jake și Juno.

Deși pe copertă apare doar numele meu, cartea de față este produsul unei munci de echipă, cu editori, designeri, agenți și prieteni devotați. E o plăcere să lucrez cu echipa mea editorială; prin gândire atentă, argumentație, discuție și îndreptat de caroserie editorială cu ciocanul, nu fac altceva decât să sporească considerabil calitatea a ce fac eu: Will Francis de la Janklow & Nesbit, iar de la Weidenfeld & Nicolson: Virginia Woolstencroft, Cait Davies, Jo Whitford, Kate Moreton, Holly Harley și mai presus de toate, Jenny Lord, dură și incisivă ca un colț de elefant.

M

R

Referințe

Kehinde Andrews, „From the «Bad Nigger» to the «Good Nigga»: An unintended legacy of the Black Power movement", *Race and Class* nr. 55(3), pp. 22-37, 24 octombrie 2013

G. I. Ash *et al.*, „No association between ACE gene variation and endurance athlete status in Ethiopians", *Medicine and Science in Sports and Exercise* nr. 43(4), pp. 590-597, aprilie 2011

Gaurav Bhatia *et al.*, „Genome-wide Scan of 29,141 African Americans Finds No Evidence of Directional Selection since Admixture", *American Journal of Human Genetics* nr. 95(4), pp. 437-444, octombrie 2014

Gregory Cochran *et al.*, „Natural history of Ashkenazi intelligence", *Journal of Biosocial Science* (prima apariție online 2005) nr. 00, pp. 1-35 (iunie 2005); arhivat nr. 38 (5), pp. 659-693, septembrie 2006

Nicholas G. Crawford *et al.*, „Loci associated with skin pigmentation identified in African populations", *Science* nr. 358(6365), eaan8433, 17 noiembrie 2017

Lucy van Dorp *et al.*, „Evidence for a common origin of blacksmiths and cultivators in the Ethiopian Ari within the last

4500 years: Lessons for clustering-based inference", *PLoS Genetics* nr. 11(8), e1005397, 20 august 2015

Lucy van Dorp *et al.*, „Genetic legacy of state centralization in the Kuba Kingdom of the Democratic Republic of the Congo", *Proceedings of the National Academy of Sciences* nr. 116(2), pp. 593-598, 8 ianuarie 2019

Cedric Dover, „The racial philosophy of Johann Herder", *British Journal of Sociology* nr. 3(2), pp. 124-133, iunie 1952

Michael D. Edge și Graham Coop, „Reconstructing the history of polygenic scores using coalescent trees", *Genetics* nr. 211(1), pp. 235-262, ianuarie 2019

Shaohua Fan *et al.*, „Going global by adapting local: A review of recent human adaptation", *Science* nr. 354(6308), pp. 54-59, 7 octombrie 2016

G. Gayagay *et al.*, „Elite endurance athletes and the ACE I allele – The role of genes in athletic performance", *Human Genetics* nr. 103(1), pp. 48-50, august 1998

Agnar Helgason *et al.*, „A populationwide coalescent analysis of Icelandic matrilineal and patrilineal genealogies: Evidence for a faster evolutionary rate of mtDNA lineages than Y chromosomes", *American Journal of Human Genetics* nr. 72(6), pp. 1370-1388, iunie 2003

Matthew W. Hughey & Devon R. Goss, „A Level Playing Field? Media Constructions of Athletics, Genetics, and Race", *The ANNALS of the American Academy of Political and Social Science* nr. 551(1), pp. 182-211, 10 august 2015

Nathan R. Kuncel și Sarah A. Hezlett, „Fact and fiction in cognitive ability testing for admissions and hiring decisions", *Current Decisions in Psychological Science* nr. 19(6), pp. 339-345, 14 decembrie 2010

Richard Lapchick cu Angelica Guiao, „The 2015 Racial and Gender Report Card: National Basketball Association", raport al Institutului pentru Diversitate și Etică în Sport (TIDES), pp. 1-44, 1 iulie 2015

Fang Ma *et al.*, „The association of sport performance with ACE and ACTN3 genetic polymorphisms: A systematic review and meta-analysis", *PLoS ONE* nr. 8(1), e0054685, 24 ianuarie 2013

Alicia R. Martin *et al.*, „Human demographic history impacts genetic risk prediction across diverse populations", *American Journal of Human Genetics* nr. 100(4), pp. 635-649, 6 aprilie 2017

Alicia R. Martin *et al.*, „An unexpectedly complex architecture for skin pigmentation in Africans", *Cell* nr. 171(6), pp. 1340-1353, 30 noiembrie 2017

Aaron Panofsky și Joan Donovan, „Genetic ancestry testing among white nationalists: From identity repair to citizen science" *Social Studies of Science nr.* 49(5), pp. 653-681, 2 iulie 2019

Etienne Patin *et al.*, „Dispersals and genetic adaptation of Bantu-speaking populations in Africa and North America", *Science* nr. 356(6337), pp. 543-546, mai 2017

Jordan Peterson, „On the so-called Jewish question", https://jordanbpeterson.com/psychology/on-the-so-called-jewish-question/

Craig Pickering și John Kiely, „ACTN3: More than just a gene for speed", *Frontiers in Physiology* nr. 8, p. 1080, 18 decembrie 2017

Joseph K. Pickrell și David Reich, „Toward a new history and geography of human genes informed by ancient DNA", *Trends in Genetics* nr. 30(9), pp. 377-389, septembrie 2014

Tinca J. C. Polderman *et al.*, „Meta-analysis of the heritability of human traits based on fifty years of twin studies", *Nature Genetics* nr. 47(7), pp. 702-709, mai 2015

Rebecca Redfern *et al.*, „A novel investigation into migrant and local health-statuses in the past: A case study from Roman Britain", *Bioarchaeology International* nr. 2(1), pp. 20-43, 2 iulie 2018

Noah A. Rosenberg *et al.*, „Genetic Structure of Human Populations", *Science* nr. 298(5602), pp. 2381-2385, 20 decembrie 2002

Noah A. Rosenberg *et al.*, „Interpreting polygenic scores, polygenic adaptation, and human phenotypic differences", *Evolution, Medicine, and Public Health* nr. 2019(1), pp. 26-34, 2019

Giuseppe A. Sagnella *et al.*, „A population study of ethnic variations in the angiotensin-converting enzyme I/D polymorphism: Relationships with gender, hypertension and impaired glucose metabolism", *Journal of Hypertension* nr. 17(5), pp. 657-664, 1999

R. A. Scott *et al.*, „No association between Angiotensin Converting Enzyme (ACE) gene variation and endurance athlete status in Kenyans", *Comparative Biocemistry and Physiology. Part A, Molecular and Integrative Physiology* nr. 141(2), pp. 169-175, iunie 2005

R. A. Scott *et al.*, „ACTN3 and ACE genotypes in elite Jamaican and US sprinters", *Medicine and Science in Sports and Exercise* nr. 42(1), pp. 107-112, ianuarie 2010

Laure Ségurel *et al.*, „The ABO blood group is a trans-species polymorphism in primates", *Proceedings of the National Academy of Sciences* nr. 109(45), pp. 18493-18498, 6 noiembrie 2012

Pontus Skogland și David Reich, „A genomic view of the peopling of the Americas", *Current Opinion in Genetics & Development* nr. 41, pp. 27-35, decembrie 2016

Suzanne Sniekers *et al.*, „Genome-wide association meta-analysis of 78,308 individuals identifies new loci and genes influencing human intelligence”, *Nature Genetics* nr. 49(7), pp. 1107-1112, iulie 2017

Sarah A. Tishkoff și Kenneth K. Kidd, „Implications of biogeography of human populations for «race» and medicine”, *Nature Genetics* nr. 36, pp. S21-S27, 2004

Lisa Trahan *et al.*, „The Flynn effect: A meta-analysis”, *Psychological Bulletin* nr. 140(5), pp. 1332-1360, septembrie 2014

David Veale *et al.*, „Am I normal? A systematic review and construction of nomograms for flaccid and erect penis length and circumference in up to 15,521 men”, *BJU International* nr. 115(6), pp. 978-986, decembrie 2014

Nick Webborn *et al.*, „Direct-to-consumer genetic testing for predicting sports performance and talent identification: Consensus statement”, *British Journal of Sports Medicine* nr. 49(23), pp. 1486-1491, decembrie 2015

Jelte M. Wicherts *et al.*, „A systematic literature review of the average IQ of sub-Saharan Africans”, *Intelligence* nr. 38(1), pp. 1-20, ianuarie-februarie 2010

R. L. Wilber și Y. P. Pitsiladis, „Kenyan and Ethiopian distance runners: What makes them so good?”, *International Journal of Sports Physiology and Performance* nr. 7(1), pp. 92-102, iunie 2012

D. J. Witherspoon *et al.*, „Genetic similarities within and between human populations”, *Genetics* nr. 176(1), pp. 351-359, mai 2007

Tiparul executat de:
S.C. EVRIKA EURODIPS S.R.L.
Galaţi
E-mail: office@evrikagalati.ro